ZHUZHONG JIATING ZHUZHONG JIAJIAO ZHUZHONG JIAFENG YANJIU LUNWENJI

注重家庭注重家教注重家风研究论文集

全国妇联家庭和儿童工作部
中 国 家 庭 教 育 学 会 编

中国妇女出版社

图书在版编目（CIP）数据

注重家庭注重家教注重家风研究论文集 / 全国妇联家庭和儿童工作部，中国家庭教育学会编. -- 北京 ：中国妇女出版社，2024. 12. -- ISBN 978-7-5127-2452-5

Ⅰ. B823.1-53

中国国家版本馆CIP数据核字第2024PR3059号

项目统筹：万立正
责任编辑：祝晓璠　陈　元
封面设计：李　甦
责任印制：李志国

出版发行：中国妇女出版社
地　　址：北京市东城区史家胡同甲24号　　邮政编码：100010
电　　话：（010）65133160（发行部）　　65133161（邮购）
网　　址：www.womenbooks.cn
邮　　箱：zgfncbs@womenbooks.cn
法律顾问：北京市道可特律师事务所
经　　销：各地新华书店
印　　刷：北京中科印刷有限公司

开　　本：170mm×240mm　1/16
印　　张：15.25
字　　数：191千字
版　　次：2024年12月第1版　　2024年12月第1次印刷
定　　价：68.00元

如有印装错误，请与发行部联系

编者的话

党的十八大以来，习近平总书记高瞻远瞩、思接千载，从对历史的深邃思考中汲取治国理政智慧，站在时代前沿擘画民族复兴蓝图，牢牢把握亿万家庭对美好生活的向往，就家庭家教家风建设发表一系列重要论述，丰富了习近平新时代中国特色社会主义思想的科学内涵，开辟了党的家庭工作新境界，为新时代家庭家教家风建设提供了根本遵循。

做好家庭工作，发挥妇女独特作用，以小家庭的和谐共建大社会的和谐，是以习近平同志为核心的党中央交给妇联组织的重要任务。按照中央要求和中宣部等 7 部门印发的《关于进一步加强家庭家教家风建设的实施意见》以及全国妇联的部署要求，择重从中国家庭教育学会学术会刊《中华家教》关于注重家庭家教家风建设的研究论文中选取了 22 篇，汇编成书。

本书突出了立德树人、培育社会主义核心价值观、培养担当民族复兴大任时代新人的政治站位，26 位著名专家学者围绕家庭家教家风建设进行深入研究，立足于专业视角和实际应用，为广大家长以及家庭教育工作者、指导者、管理者、志愿者等深入学习贯彻习近平总书记关于家庭家教家风建设重要论述提供参考。

目　录

contents

学习习近平总书记关于家庭建设指示精神 建构新时代家庭教育理论与实践体系

陆士桢　王志伟*

摘　要：家庭作为社会结构中最小的单元，是个体与社会的重要联结点，因而对家庭的研究具有重要意义。党的十八大以来，以习近平同志为核心的党中央将家庭建设摆到了社会主义现代化建设的突出位置，理顺我国家庭建设、家庭教育思想，建构独具中国特色的家庭教育理论与实践体系，是新时代家庭建设、家庭教育的重要内容和根本目标。本文将家庭建设、家庭教育置于百年未有之大变局的全球背景和社会主义现代化建设的时代背景下加以审视，致力于探讨和回答我国家庭建设、家庭教育的定位与方向，目标与功能，以及建设什么样的家庭教育理论与实践体系，如何建立家庭教育体系等一系列问题。

关键词：习近平；家庭建设；家庭教育理论；新时代

党的十八大以来，就“注重家庭、注重家教、注重家风”问题，习近平总书记发表了一系列重要论述。进入新时代，以习近平同志为核心的党中央将家庭建设作为治国理政和党执政的重要基点，纳入了完善和发展中国特色社会主义制度的战略部署之中。

---

* 陆士桢，中央团校（中国青年政治学院）原党委书记，中国家庭教育学会智库专家，教授，主要研究青少年社会工作、社会治理、志愿服务、家庭教育等。

王志伟，《中国青年报》社会调查中心编辑记者，主要研究青年社会学、社会治理、社会工作等。

当前，世界形势纷繁复杂，中国特色社会主义建设与发展面临着多方面的挑战，学深悟透、深刻领会习近平总书记关于家庭建设、家庭教育的重要指示精神尤为重要，需要以此为根本指导，努力建构在习近平新时代中国特色社会主义思想的科学体系指导下的家庭建设、家庭教育理论和实践体系。

一、以习近平新时代中国特色社会主义思想的科学体系的大视野、大格局来思考新时代中国家庭建设、家庭教育的定位和方向

习近平新时代中国特色社会主义思想是马克思主义中国化的成果，是中国共产党人在新时代的行动纲领，是一个具有时代性的科学体系。这中间，对时代特征、历史方位和发展阶段的分析判断，不仅是理论创新发展的前提，也是这一思想的科学体系的重要标志。作为党在新时代科学执政和国家治理现代化重要内容的家庭建设、家庭教育，同样需要以这一思想的科学体系为统领和指导，以更大的视野和格局来分析其时代特征、历史方位和发展阶段背景，并以此来确定其在中国特色社会主义事业中的定位。以习近平新时代中国特色社会主义思想为指导，我们可以从四个角度来分析新时代我国家庭建设和家庭教育的地位和方向。

（一）新时代中国特色家庭建设、家庭教育凸显鲜明的时代背景和历史方位

从人类可持续发展的阶段性来看，一方面，是经历几千年的发展，人类积累了众多的物质财富和精神财富。另一方面，面对各种问题和灾难，人类的发展危机越来越突出、尖锐，而这突出体现在以下三个层面。一是世界各国面临的发展问题，各个国

家、各个民族终极发展的追求越来越走向趋同。这种趋同化的趋势不仅表现在物质生产、科学技术等经济基础方面，还表现在道德文化、基本价值等追求上，从一定意义上说，无论是物质生产还是精神发展，全人类需要共同面对的挑战越来越突出。二是由于历史、文化、制度等多方面的原因，世界各国的冲突和矛盾越来越尖锐、激化，世界处于百年未有之大变局中。这种冲突不仅仅涉及社会制度、发展阶段等一些简单的结构层次，更涉及文化历史、民族宗教等深层次的上层建筑。三是随着人类物质生产的快速发展，物质生活满足之后，个体的精神诉求成为日益普遍和显性的生存状态，人的精神价值的分化直接影响人类的生活质量，从而造成了世界各国社会问题日益复杂和尖锐。多种因素造成世界各地骚乱迭起，直接挑战各国的治理体系与能力。这一切对于作为社会最小结构和最基础关系的家庭、对于以家庭为起点的每一个社会个体来说，都是新的时代性挑战。与此同时，在全球处于百年未有之大变局重要节点的时代背景下，由于社会快速发展和崛起，中国不可避免地处于节点的关键位置和矛盾的焦点之中，世界格局对于中国的发展、中国的综合实力提出了重大挑战。在变动的世界大格局下，中国的人力资源，特别是可持续发展的人力资源储备必然成为重要的发展策略。这对于国家的治理体系和能力建设提出了更高的要求，对于包括家庭建设在内的社会建设，以及包括家庭教育在内的教育改革与创新提出了更新的挑战。

（二）家庭建设、家庭教育在中国特色社会主义建设体系战略布局中地位突出

习近平新时代中国特色社会主义思想的核心，就在于回答中国走什么样的道路、用什么方法实现这个道路的问题，而这一问题的破解，离不开“后继有人、代代相传”的命题。家庭建设、

家庭教育在中国特色社会主义建设体系战略布局中的基础地位越来越突出。以习近平同志为核心的党中央，以党和人民的事业薪火相传为基本出发点和落脚点，高度概括、准确定位新时代中国特色社会主义事业中儿童青少年工作的特殊地位和重要功能。早在2013年，习近平总书记就语重心长地说：“孩子们成长得更好，是我们最大的心愿。”后来更是明确强调：“培养好少年儿童是一项战略任务，事关长远。”[1]表达了作为执政党的中国共产党对儿童青少年工作的高度重视和对下一代的殷切期望。同时，党中央高度重视教育，在党的十八大报告中，在全国教育大会上，习近平总书记反复强调中国特色社会主义教育的根本任务是立德树人，从根本上为包括家庭教育在内的中国教育确立了基本定位、指明了发展方向。进入新时代以来，以习近平同志为核心的党中央，始终把下一代的培养与教育工作纳入党和人民事业的大局，纳入中国特色社会主义建设事业的总体部署。家庭是人生的摇篮，家庭教育是一个人的终身教育，是一切教育的基础，从“后继有人、代代相传”的大视角看家庭建设、家庭教育，其基础性、关键性的地位不言而喻。

（三）家庭教育是关乎执政党和中国特色社会主义持久发展的百年大计

我国社会主义现代化、中华民族伟大复兴的中国梦要在今天的青少年手中实现，当代青少年是“担当民族复兴大任的时代新人”，是“强国一代”，是中国历史发展关键时期的重要代群，今天的家庭教育是关乎执政党和中国特色社会主义持久发展的百年大计。2015年，习近平总书记在会见中国少年先锋队第七次全国代表大会代表时，语重心长地对孩子们说：“我国社会主义现代化、中华民族伟大复兴的中国梦，将来要在你们手中实现，你们是未来的主力军、生力军。”一般来说，青少年儿童是基础、是未来都是一种虚指，而习近平总书记面对来自全国各地的少年儿童代表谈基础、谈未来、谈责任、谈担当则是一种实指，是一种面对面的嘱托和交代，明确了今天青少年的历史重任。这对于认识当代少年和儿童的社会本质具有重要的意义。青少年是一个与时代休戚相关的社会群体，习近平总书记曾经用“青年是标志时代的最灵敏的晴雨表”来论证青年发展与社会之间的本质关系，在党的十九大报告中更是明确提出了“培养担当民族复兴大任的时代新人”的新要求。如果说，新时代是五四以后中国社会发展的又一个重要历史节点的话，那么当代青少年和五四时期的青少年一样，是中国现代历史上又一个负有特殊历史使命的重要代群，是名副其实的“强国一代”。从时代进步与责任担当的角度看，新时代家庭教育在培育“强国一代”的重大历史使命中任重道远。

（四）以习近平同志为核心的党中央把家庭建设、家庭教育作为治国理政的重要基点

进入新时代，以习近平同志为核心的党中央着力打造文化价值的扎实社会基础，以社会治理现代化特别是文化道德价值的建设为基点，采取了一系列积极有效的治理措施，如大力反腐，重塑我国传统廉政文化；积极培育和践行社会主义核心价值观等。中国特色社会主义进入精神文化属性现代化建设的新阶段，是以道德文明和进步文化建设为重点的精神建设。家庭是社会价值观传递的最基础、最隐蔽的单位，将中华传统文化和社会主义核心价值观统一于家庭、家教和家风的建设培育过程中，是治国理政的重要组成部分，也是治国理政的迫切需要。

二、以习近平总书记关于家庭建设和家庭教育的指示精神确立中国特色社会主义家庭建设、家庭教育的功能和目标

进入新时代，以习近平同志为核心的党中央，对于家庭建设和家庭教育的重点、根本任务，以及中国家庭建设的基本方针等问题做出了明确的指示，为中国的家庭建设、家庭教育指明了方向。

（一）明确提出家庭建设成为国家发展、民族进步、社会和谐的重要基点

国家发展、民族进步、社会和谐是“中国梦”的奋斗目标，也是中国共产党的执政目标。进入新时代，习近平总书记第一次公开论证家庭建设、家庭教育问题，不是在妇联或者教育系统的大会上，而是在第十八届中央纪律检查委员会第二次全体会议上，是从党的建设的视角来谈家风建设的极端重要性。这表明在以习近平同志为核心的党中央的整体布局中，家庭建设是个社会建设问题、文化建设问题，更是执政党自身建设的重大问题。可以说在党中央的整体部署中，新时代家庭建设已经被提高到政党政治的高度、国家治理的高度。正因为如此，党中央高度重视家风建设，习近平总书记多次在讲话中论证家风和廉政、和党的建设、和社会风气、和国家发展的关系。习近平总书记在十八届中纪委六次全会上强调：“每一位领导干部都要把家风建设摆在重要位置，廉洁修身、廉洁齐家，在管好自己的同时，严格要求配偶、子女和身边工作人员。”[2] 同时，党中央还把家风建设纳入了治党政策体系当中，提升到制度的高度。2016 年开始施行的《中国共产党廉洁自律准则》中的八项规定是具有明显影响力和制约性的党纪党规，明确要求党员领导干部要廉洁齐家，自觉

带头树立良好家风。在中央和国家机关党的建设工作会议上，习近平总书记代表党中央向全党明确提出在家庭建设上的政治性要求，一是明确要求全党把对党忠诚纳入家庭家教家风建设，二是要求全党抓好纪律教育、政德教育、家风教育。明确从思想道德文化视角，把家风建设与执政党的建设、与国家管理主体的建设并列，明确家风建设是对每一个共产党员党性的要求。这实际上也说明，在家庭建设这个问题上，每一个公民、每一家、每一户都负有责任，都需要、都应该履行法定的义务。

（二）明确家庭教育的地位、家庭建设的重点、家庭教育的根本任务以及对家长的要求

一是用四个“第一”确立了家庭教育在人的发展过程中的基础地位。习近平总书记在讲话中多次谈到：“家庭是人生的第一所学校，家长是孩子的第一任老师，要给孩子讲好‘人生第一课’，帮助孩子扣好人生第一粒扣子。”[3]四个“第一”科学地诠释了教育在一个人一生中的重要基础作用。众所周知，家庭教育是一种重要的、具有悠久历史的人类教育实践活动，又是一种极具特色的教育形式。发展至今，家庭教育已经成为和学校教育、社会教育并列的，影响一个人成长发展的重要教育途径。

家庭教育的基础性，表现为家庭主要影响孩子的价值体系、行为模式和心理素质，与学校和社会系统的价值观教育不同，家庭所传递的是渗透在日常生活当中的是非对错，而价值、行为和心理是一个人确立自我、建立良好社会关系的最基本的要素，家庭是在一个人安身立命基本要素的底板上刻度留痕的基础社会结构。家庭教育的基础性还来源于家庭教育的特殊教育形式。家庭教育渗透在日常生活照料里，具有随意性、零散性特点。家庭本质上是由父母、子女形成的团体，是一个社会生活的单位。作为

一个重要的社会结构，家庭的关系是通过婚姻、血缘，或者收养形成的，亲属是其基本关系要素，这就使得家庭关系具有自己的特点，如作为人的最基础、最亲密的关系，情感性在其中占有重要位置；通过血缘形成代际相传的关系，权威性与依附性必然成为影响关系的重要因素；日常的、长久的共同生活成为关系的具体表达方式；等等。正因为如此，家庭是个体和社会沟通的桥梁和纽带，每个人都是由家庭走向社会、开启社会化进程的。家庭教育的主要形式是父母的身教、对孩子的期望、日常的教养态度以及家庭环境。这是一些综合的要素，并且是通过点滴的影响形成潜移默化的渗透。所以从一定意义上说，家庭教育不仅仅是教育，人类自身对于家庭教育基础功能的认识和理解是无止境的。

二是用“三个注重”明确家庭建设的重点。家庭建设的重点是家风，家风建设的基础是家教，家风和家教是全面建设家庭取得成效的保障，也是家庭建设的切入点。习近平总书记在2015年春节团拜会上发表重要讲话：“家庭是社会的基本细胞，是人生的第一所学校。不论时代发生多大变化，不论生活格局发生多大变化，我们都要重视家庭建设，注重家庭、注重家教、注重家风，……使千千万万个家庭成为国家发展、民族进步、社会和谐的重要基点。”[4] 这是对我国家庭建设基本指导思想的精准概述，特别是明确提出的“三个注重”，更是从治理现代化的战略布局中凸显出家庭、家教、家风的重要地位。

家风建设更是一个核心的问题。什么是家风？简单地说，家风就是一个家庭或家族传承下来的风尚。家风是一种家庭文化，是门风，是价值观，所以对一个社会而言，家风体现民族文化价值，是传统文化的重要传承方式；家风是家庭成员举手投足间体现出来的一种生活习性，家庭成员立身做人的行为准则集合起来就成为社会风尚的集中体现和代表；家风是家庭成员的精神风貌、个性品质和整体气质，家风直接影响家庭成员的心理情感状态，也是社会情感交融、和谐共处的基础。家风具有传承性、社会性和时代性，家风建设不仅关系孩子成长、家庭和谐，而且是一个国家、一个社会软实力的重要表现。

三是指出家庭教育是品德教育，是如何做人的教育[5]，明确家庭教育根本任务是立德树人。教育的根本目标是育人，核心追求是人的发展，“培养什么人，是教育的首要问题”。但在当今中国，很多家庭培育孩子的目标是世俗意义上的成功，甚至简单地追求考上一所好学校，在日常生活中更是具化为考试成绩排名，从根本上违背了中国教育的核心任务，也造成了少年儿童成长发展的多重隐患。党的十九大报告在我国教育发展的基本方向问题上明确提出“落实立德树人的根本任务，发展素质教育”。在全国高校思想政治工作会议上，习近平总书记也明确指出：“高校立身之本在于立德树人。”[6]基础教育更是如此，在中央批准的《少先队改革方案》中特别明确规定，少先队的根本任务是立德树人。立德树人的核心追求是在一切教育行为中坚持人的发展目标，把握教育的基本定位和价值，即基于个体的生理和心理素质，通过教育和社会的影响，使其获得包括适合个人和社会需要的情感、审美、体能、创造、批评精神等全面而充分的发展，形成比较稳定的行为倾向和生活态度。立德树人的灵魂是理想信念的树立，这是少年儿童政治社会化的核心内容。习近平总书记在全国教育大会上鲜明地指出：“我国是中国共产党领导的社会主义国家，这就决定了我们的教育必须把培养社会主义建设者和接班人作为根本任务，培养一代又一代拥护中国共产党领导和我国社会主义制度、立志为中国特色社会主义奋斗终身的有用人才。”[7]这实际上为立德树人提出了明确的标准，在这个标准中，包括政治认同、价值认同等一系列重要的内容。这是一个少年儿童政治社会化必须完成的任务，也是家庭教育的重要责任。

四是指出要时时处处给孩子做榜样，用正确行动、正确思想、正确方法教育引导孩子，对家长提出了明确要求。这里习近平总书记提出了新时代家长的“三个正确”：正确的行动，指出了身教在家庭教育当中的重要性和特殊性；正确的思想，则是针对家庭教育目前最突出的问题，强调了观念在教育当中的基础性作用；正确的方法，是提醒广大家长适应新时代的新要求，改进教育方法，提高教育效能。事实上，当今社会家庭教育的关键在儿童观和教育观上。家长把孩子的培养目标定为世俗意义上的成功，忽略了孩子作为人的发展的基础和关键作用；把孩子作为自己塑造的客体，忽略了孩子的能动性、独特性和发展的潜能。

（三）明确提出中国特色社会主义家庭建设的“十六字”基本方针

一是“爱国爱家”为中国特色社会主义家庭指明政治发展的方向。家国情怀是中国人精神之魂，全世界所有的语言中，“国”这个词的词根都是城或邦，唯有汉语，“家国”一体，这个词的词根是家，中国人把国叫作国家。在中国的文化当中，己、家、国三位一体，家既是己的依托和归属，又是国之本，家国同构延伸到思想意识领域，就是“修身齐家治国平天下”。也正因为如此，在中国的思想文化建设中，爱国和爱家为一体，家庭的重要任务和职责就是培养“公民”，在家庭教育中实现私德与公德的有机统一。培育具有家国情怀的公民，无论是对于国家社会的发展，还是对于个体的积极社会化，都具有重要的意义，其中很重要的命题是国民身份的认同。英国学者史密斯提出了“族群的国民模式”的概念，他认为相比西方而言，亚洲的国家和地区，在身份认同上更为强调人们的出生血缘和文化共同体关系，在这种模式下，国民身份认同显示出在群体动员方面，情感扮演重要角色，对语言习俗和传统的重视高于法律制度等特征。这可以在理论层面解读“家国情怀”在中国文化传统当中的持续传承和在中国人精神世界中的重要位置。在中国文化视野下，作为个体的“己”从来都不是一个原子化的独立个体，己、家、国的一体，不仅是一种社会结构，更是一种民族意识形态。中国几千年的历史，从古代英雄豪杰到今天为国献身的仁人志士，都有一个最根本的价值支撑，就是建立在深厚爱国主义基础上的家国情怀。

二是“相亲相爱”为中国特色社会主义家庭指明情感发展的方向和目标。家是一个人情感的港湾，但是在很长的历史阶段中，我们比较强调政治，强调在家庭关系当中的原则性，很少公开明确地提出相亲相爱的概念。事实上，家庭建设中的相亲相爱源于家庭本身的功能，作为社会最小细胞的家庭，本身就具有情感纾放和情感延续的功能。同时，爱是公德的基础，也是人的本能和作为社会人的一种能力。情感在一个人的综合素质中不仅是一种基础，而且是众多优秀素质的融合剂，而原生家庭对于一个人的基本情感素养和能力具有重要的奠基作用。所以，家庭情感建设需要爱的教育，在家庭中必须对孩子进行正确的爱的教育。高度重视家庭的情感建设，应该被视为进入新时代我国家庭建设的一个重要新方向。

三是“向上向善”为中国特色社会主义家庭树立道德建设的标准。“向上”强调的是立志，把自己的发展和国家、民族的发展联系在一起，这是“志向的底盘，人生的脊梁”；“向善”则是要树立中华民族传统文化的“仁爱”和中国共产党为人民服务执政理念的“为民”两个基本价值观，还要践行“行善”“善行”的行为模式，重视向善的道德实践，强调知行统一。“向上”讲的是树立理想信念，“向善”讲的是基本的道德标准，核心还是要求家庭牢牢把握社会主义核心价值观的教育。从内涵上，社会主义核心价值观将个体成长与社会和谐、国家发展三者统一起来，明确了个体自我修养与国家发展目标，以及社会建设理想三者之间的辩证关系。进行社会主义核心价值观教育是我国国民教育育人目标的本质性规定，也是实现孩子健康发展的基础和关键。把社会主义核心价值观教育纳入家庭建设和家庭教育当中，对于扭转当前我国教育，特别是家庭教育的功利性、工具性与短期性具有特别重要的意义。

四是“共建共享”为中国特色社会主义家庭提供建设的机制。“共建共享”既是我国家庭建设的重要方针，也进一步凸显了家庭建设和家庭教育在全党全国各个方面、各个系统中的重要地位，进一步突出了家庭在中国特色社会主义建设体系上的基础作用。随着国家治理现代化的发展，我国逐步形成了党委领导、政府主导、社会参与、三者齐抓共管的家庭建设机制，以及家庭建设的成果由全社会共享的社会建设体系，社会各界的家庭建设力量正在不断加强。在党的层面，宣传部门、文明办负有重要责任；在政府层面，教育部门、民政部门等不断担负起主导的责任和任务；在群团组织层面，妇联、共青团、工会等具备自己特有的优势；在社会层面，社会组织则拥有社会资源和专业方面的优势，社区作为基层单位，成为家庭建设和家庭教育的基础力量。对每一个家庭来说，“共建共享”机制意味着家庭建设事务不仅仅是家庭和个人的私事，而且与国家、民族、社会息息相关。

三、领会习近平总书记关于家庭建设和家庭教育的指示精神，建构中国家庭建设、家庭教育理论和实践体系

随着世界局势和国家发展新的阶段的到来，家庭建设、家庭

教育越来越成为中国特色社会主义事业的基础建设元素。也正因为如此，需要在习近平新时代中国特色社会主义思想的指导下，加强理论研究，建构独具特色的新时代中国家庭建设、家庭教育的理论与实践体系。这是一个庞大的工程，需要经过长时间的努力，动员多方力量。同时，家庭建设和家庭教育是一个实践性非常强的领域，不仅实践中有多种因素相互影响、相互作用的规律需要解读，而且有众多的实践问题需要有效的指导。因此，家庭建设、家庭教育理论与实践体系的研究需要更加强调二者之间的整合，凸显理论对实践问题的深入研究和对实践的指导作用。而这突出表现为家庭建设、家庭教育体系的建构模式问题。

建构中国家庭建设、家庭教育理论和实践体系需要明确两个基本概念。

一是体系。什么是体系？简单地说，所谓体系，就是若干有关事物或某些意识相互联系而构成的一个整体。实际上，体系是个很复杂的概念，不仅每一个体系都需要由若干小的体系组成，而且与遵循自然法则的自然界的体系不同，作为社会实体的家庭建设、家庭教育体系涉及人自身的发展，以及人与社会之间的复杂关系。

在人类社会生活当中，家庭建设、家庭教育涉及婚姻家庭、人与他人和与社会的关系、个体的发展与生态系统、教育过程中受教育者与外部的关系模式等多个体系，而且这些体系之间具有密不可分的、复杂的关联性。显然，中国特色家庭建设、家庭教育体系的建设是一个关乎人与社会的全面建设，是一个关系到社会发展和综合国力的复杂建设。

二是模式。一定意义上，模式是一种制度性结构。在结构功能主义代表人帕森斯看来，社会结构与功能的协调一致性是社会系统存在的前提，而适应、目标、整合和维持是实现一致性的要素。[8] 结合现实社会的实际，我们可以把模式界定为具有价值取向的主体行为的一般方式，具有三个要素：一是伦理价值，即指导思想；二是运行要素，即主体、结构内容、运行流程；三是保障机制，包括政策法规、队伍组织、资源资金等。从理论上说，中国特色家庭建设、家庭教育体系中的模式建构不是实践经验，也不是计划方案，而应该是独具中国特色的，具有可行性的一种社会运行模式。这一模式需要从三方面来搭建。

一是价值原则。这是模式的起点，对于体系的运行有根本性的指导作用，需要紧扣这一模式进行独具特征的理论建设和实证分析。在这方面，习近平总书记多次发表重要讲话，党中央及相关部门有很多重要的文件，全国人大和国务院各部门，特别是教育部也颁布了相应的文件。这些重要精神为中国特色家庭建设、家庭教育体系模式的建构提供了基本遵循。以这些重要精神作为指导和依据，围绕中国特色家庭建设以及家庭教育的定位、功能、文化价值，对新时代随着社会变迁带来的教育观念、教育思想、方式方法等问题进行深入研究，无疑具有深刻的理论意义和特别的实践意义。

二是运行结构的建设，即中国特色家庭建设、家庭教育体系模式需要通过什么样的步骤和设计才能达到既定的目标。这是一个非常重要的社会治理问题。进入新时代以来，中国社会的家庭建设、家庭教育成为百姓生活中占有重要位置的现实问题：(1) 家庭教育的误区越来越多，由家庭引发的社会问题越来越突出，人的社会性适应出现的问题越来越多地追溯到幼年时原生家庭的影响，家庭问题已经成为社会治理的重要领域，亟须得到有效回应。(2) 改革开放以来，东西方文化的碰撞越来越广泛地渗透在人们的家庭生活当中。在家庭教育领域，西方凸显的自由与权利的育儿观与中华传统文化中为国育儿、强调制约和规范的育儿观的矛盾冲突，越来越频繁地反映在家庭教育的实践当中，认知、意识、理念等和方法一道，成为众多家庭日常生活及教育的影响因素和难题。(3) 随着社会的发展进步，作为重要社会结构的家庭，一方面，个性化的追求和行为表达越来越凸显，生活方式、教育方式日趋多元；另一方面，经济快速发展带来的激烈变迁引发的物质化、功利化价值取向在家庭教育问题上高度聚焦，延伸的教育公平等问题使得教育成为民众关注的重要社会问题。

这三个趋势挑战的不仅仅是每一个家庭，也不仅仅是社会公共价值取向和普通百姓的道德素质，挑战的更是社会治理体系和治理能力。家庭建设、家庭教育涉及政策法律体系，涉及大众思想文化价值的社会性更新，涉及社会最基层的组织——社区的日常运行管理，国家和社会的治理结构，还有相关人员的管理能力、普通公民的自身素质都受到挑战，这必然是一个长期复杂的建设过程。

三是保障体系的建设，其本质上是为模式的整体运行提供物质和精神条件的一种系统整合，是包括制度保障、物质保障、人力保障在内的一种激励机制和制约机制，一般包括政策体系建设、物质投入体系建设、人才队伍建设等。在家庭建设、家庭教育模式的建构中，理论建设、学科建设等是更深层次的完善，也是迫切需要提上日程的任务。要通过对传统家庭建设、家庭教育思想宝库的研究，通过对实践经验的总结，形成凝聚中国特色的理论体系，这是深化中国特色家庭建设、家庭教育的基础性建设，也是建构中国特色社会主义家庭建设和家庭教育体系的必由之路。

【参考文献】

[1] 新华网 . 习近平六一寄语全国各族少年儿童［EB/OL］.(2015-06-01). http://www.xinhuanet.com/politics/2015-06/01/c_1115476644.htm.

[2] 新华网记者赵银平 . 十八大以来，习近平这样谈“家风”［EB/OL］.(2017-03-29).http://www.xinhuanet.com/politics/2017-03/29/c_1120713863.htm.

[3] 人民网 . 习近平全国教育大会重要讲话金句速览［EB/OL］.(2018-09-1).http://edu.people.com.cn/n1/2018/0911/c1053-30286259.html.

[4] 新华网 . 中共中央国务院举行春节团拜会　习近平发表重要讲话［EB/OL］.(2015-02-17).http://www.xinhuanet.com/politics/2015-02/17/c_1114401705.htm.

[5] 记者陈振凯，李贞整理 . 习近平谈家风建设［N］. 人民日报（海外版），2020-07-22(05).

[6] 新华网 . 立德树人，习近平这样阐释教育的根本任务［EB/OL］.(2019-03-18).http://www.xinhuanet.com/politics/xxjxs/2019-03/18/c_1124247058.htm.

[7] 新华社 . 习近平出席全国教育大会并发表重要讲话［EB/OL］.(2018-09-10).http://www.gov.cn/xinwen/2018-09/10/content_5320835.htm.

[8] 刘少杰 . 国外社会学理论［M］. 北京：高等教育出版社，2012:165-168.

坚定文化自信　传承美好家风

——论新时代的家庭观

葛　彬*

摘　要：2021年3月，由中央文献出版社出版发行的《习近平关于注重家庭家教家风建设论述摘编》一书，概括了新时代的家庭观，为新时代如何开展家庭工作指明了方向。本文以新时代的家庭观为指导，从“坚定文化自信”的角度出发，分别从治国理政与“家风”、立德树人与“家教”、文化自信与“家和”三方面，对当下家庭与国家、社会发展之间的关系，家庭教育中立德树人的重要性及中华优秀传统文化在家庭建设中的意义进行论述，旨在为新时代家庭文明建设、家庭教育指导和家风建设提供参考。

关键词：习近平；文化自信；家庭家教家风；家庭观

“家和万事兴”一直是中国人信奉的文化理念，是一种最基本的文化自信。《礼记·大学》中曰：“古之欲明明德于天下者，先治其国；欲治其国者，先齐其家；欲齐其家者，先修其身；欲修其身者，先正其心；……心正而后身修，身修而后家齐，家齐而后国治，国治而后天下平。”其中的“正心—修身—齐家—治国—平天下”这一链条，是中国人非常熟悉的文化元素，但是“家庭”历来被划到私人领域范畴，很少出现在正式文件中。党

* 葛彬，中共广州市委党校教授，广州妇女学研究会副会长，主要从事文化学、妇女学、家庭文化学的理论研究与教学工作。

的十八大以来，习近平总书记多次强调家庭家教家风的重要性，形成了新时代家庭文化建设的理论体系。2021 年 3 月，中央文献出版社汇集了习近平总书记于 2012 年 11 月 15 日至 2020 年 12 月 28 日期间的报告、讲话、谈话、说明、答问等 60 多篇重要文献中的内容，出版发行了《习近平关于注重家庭家教家风建设论述摘编》（以下简称《论述摘编》）一书，从七个方面阐述了家庭家教家风的重要意义，形成了以爱国主义为核心、以品德教育为支撑的爱国爱家、相亲相爱、向上向善、共建共享的社会主义家庭文明新风尚。本文试从治国理政与“家风”、立德树人与“家教”、文化自信与“家和”三方面来论述新时代的家庭观。

一、治国理政与“家风”

家庭观是人们对家庭抱有的价值观念、态度和信念，家庭观表现为家庭共同的习俗和风尚，这就是“家风”。中国人的家风是代代传承的，长辈的一句话、一个故事、一段经历，都可以是家风的载体。中国传统的家风多是通过订立家规或长辈写给子孙的家书家信来传承的，如《颜氏家训》《钱氏家训》《曾国藩家书》《梁启超家书》《傅雷家书》等，都是前辈告诫家人和子女做人做事的道理，对后人和读者有一定影响，但是人们却很少从社会层面和公共领域去要求家风的建设和传播。

我们党和国家领导人的家风，也多以言传身教的方式传承：毛泽东的家庭为中国革命牺牲了六位英烈，报国奉献的家风感动着中国；周恩来和邓颖超夫妇严格要求亲友不得以公谋私，廉洁家风令人动容；朱德写信叮嘱远在苏联的女儿好好学习，将来以建国事业为重，拳拳爱国情怀昭然纸上……刘少奇、邓小平、陈云、习仲勋等老一辈无产阶级革命家全心全意为人民，无私无悔为国家奉献的初心，都包含着好家风的传承，他们不仅自己做表率，而且谆谆告诫子女们要廉洁做人、干净做事，精忠为国、一心为民，成就了几代人的好家风。

真正将家风提到治国理政高度并进行系统全面论述，是党的十八大以后，习近平总书记多次对新时代家庭建设提出新要求，家风建设也多次写入党的正式文件中。具体表现在以下几个方面。

一是注重家庭，将家庭提到了国家治理的层面。习近平总书记在2015年春节团拜会上的讲话，强调了家庭建设“三个注重”“家庭是社会的基本细胞，是人生的第一所学校。不论时代发生多大变化，不论生活格局发生多大变化，我们都要重视家庭建设，注重家庭、注重家教、注重家风”。[1] 习近平总书记在这里强调的时代变化和生活格局变化与家庭的密切关系，在2020年新冠疫情肆虐之时得到了充分印证。当时人们响应党和国家号召，“不出门，不聚集”，“宅”在家里共渡难关。正是因为举国上下几亿个家庭高度的责任意识和自律精神，才使抗击新冠疫情斗争取得重大战略成果。使得“千千万万个家庭成为国家发展、民族进步、社会和谐的重要基点”。[2] 有了这个基点，国家才安定，社会才平安，家庭才稳定，人民才幸福。举国抗疫的实践正是通过家庭支撑治理国家的一次成功案例，习近平总书记把家庭建设提到“国家发展，民族进步，社会和谐”的高度，正是高瞻远瞩治国理政的理念。

二是将家风与社会风气紧密相连。2016年12月，习近平总书记亲切会见第一届全国文明家庭代表时，特别强调了家风与社会风气的影响：“家风好，就能家道兴盛、和顺美满；家风差，难免殃及子孙、贻害社会。广大家庭都要弘扬优良家风，以千千万万家庭的好家风支撑起全社会的好风气。”[3] 好家风与好的社会风气是密不可分的。笔者曾经为广州市越秀区妇联、越秀区文明办编写过一本名为《越秀好家风 · 幸福记录》的绘本，当时越秀区的居民们对此项活动的参与度和热情度远远超出了我们的想象：几百个家庭提供了自己的家风故事，其中有大孝无疆的感动、平凡朴实的关爱、“天使”的无私、夫妻的敬重、孩子的奋进、邻里的互助，有广州人的包容、外来务工者的奉献等丰富的家风资料。绘本在越秀区的中小学、机关、企事业单位和各社区影响非常大，“推动形成爱国爱家、相亲相爱、向上向善、共建共享的社会主义家庭文明新风尚”。[4] 在社会治理和城乡发展中，如果能从好家风的角度去倡导，并推及社区、机关、企业乃至整个社会，一定会产生很强的涟漪效果。

三是把家风提到党风建设的高度。习近平总书记特别强调领导干部的家风建设：“领导干部的家风，不仅关系自己的家庭，而且关系党风政风。”[5]“各级领导干部要带头抓好家风。……做家风建设的表率，把修身、齐家落到实处。”[6] 习近平总书记看到了领导干部的家风与党风的深刻关联，对领导干部提出了严格要求，“我们是共产党人，决不能搞‘一人得道，鸡犬升天’那一套”。[7] 以习近平同志为核心的党中央坚持“打虎、拍蝇”，坚决反腐到底，在这场没有硝烟的战斗中，家风与党风的关系被提到了前所未有的重要位置，并被写入党的多个文件中。

于 2016 年 1 月施行的《中国共产党廉洁自律准则》，要求领导干部：“廉洁齐家，自觉带头树立良好家风。”2018 年新修订的《中国共产党纪律处分条例》新增第一百三十六条：“党员领导干部不重视家风建设，对配偶、子女及其配偶失管失教，造成不良影响或者严重后果的，给予警告或者严重警告处分；情节严重的，给予撤销党内职务处分。”2019 年 1 月 31 日发布的《中共中央关于加强党的政治建设的意见》强调：“领导干部特别是高级干部要带头加强党性修养，……明大德、守公德、严私德，……注重家庭家教家风，自觉做廉洁自律、廉洁用权、廉洁齐家的模范。”党的文件把家风上升为纪律处分的制度性规定，教育引导广大党员干部既要管好自己，也要管好家人，修身齐家双管齐下，是进一步扎紧制度的笼子，用严明的纪律管全党、治全党的有力举措，推动了党风的不断向好。

那么，家风建设为什么会被提到治国理政的高度呢？

首先，是中国传统“家文化”使然。西方文化强调人的“个体性”，欧洲文艺复兴时期，倡导的核心是以人为中心，强调人文主义精神，肯定个人的价值和尊严。中国则是以家族的“家”为单位出发的文化：“天下之本在国，国之本在家。”孟子这一“家本位”观念影响很大。“中华民族自古以来就重视家庭、重视亲情。”[8] 中国以小农经济为特色的历史国情，使家庭担负着经济、教育、娱乐、宗教和保障等一系列的责任，人们的生老病死都要靠家庭。同时，中国的家又紧密联系着国，强调“家庭”对人、对社会和国家的影响，“家国情怀”是中国文化中厚重的文化情结。如《四世同堂》《红高粱》《闯关东》《大宅门》等以家庭为主线的电视剧，建党百年期间的《觉醒年代》《光荣与梦想》等历史剧作，都是源于生活又高于生活的艺术作品，不仅每个大家庭都与国家生死存亡息息相关，而且将故事里的人物、家庭与社会大背景密切相连。这些优秀的电视剧，无不唤醒着每个中国人的家国情怀。

习近平总书记特别强调继承传统文化中的精华，他从农耕文明讲到农事节气，从大道自然讲到天人合一，从宅院村落讲到农业景观，从祖传家训讲到乡风民俗，说这些“都是中华文化的鲜明标签，都承载着华夏文明生生不息的基因密码，彰显着中华民族的思想智慧和精神追求”。[9] 这种追求，正是中国传统“家文化”的具体体现。

其次，是家庭的核心价值观使然。家庭是由婚姻、血缘或收养关系组成的生活共同体。家庭有生物属性，包括生育行为、抚育行为、性行为等，也有社会属性，包括家庭成员的权利、义务和对家庭、社会所负的责任等。生物属性和社会属性共同形成家庭成员在家庭中不同的地位和角色，由此形成家庭的核心价值观，千万个家庭的核心价值观是与中华民族的价值观密切关联的。习近平总书记特别强调家庭梦与中国梦的关系："我们要积极培育和践行社会主义核心价值观，弘扬中华民族传统美德，把爱家和爱国统一起来，把实现个人梦、家庭梦融入国家梦、民族梦之中。"[10] 实现中国梦，家庭是基点，是梦想启航的地方，把握好这个基点，中华民族伟大复兴的中国梦才会实现。

最后，是家风的社会影响使然。家和社会风气是整体相连的。一个家庭就是一个小小的"国"，千千万万的家庭组合成一个大大的国。家风好，社会风气就好；家风好，国家发展就好。从个体家庭看，每个家庭的家风都体现了一个家族的文化气质；从社会整体来看，家风是社会风气的重要组成部分。习近平总书记经常到基层去调查研究，他特别强调基层的家风建设："乡村振兴，既要塑形，也要铸魂，要形成文明乡风、良好家风、淳朴民风，焕发文明新气象。"[11]

好家风能影响社会风气积极向上，焕发文明新气象。广东省中山市是孙中山的故乡，孙中山一直重视对子女的教育，开了好家风的先河，延续到今天。中山市家庭文明建设一直走在全省甚至全国的前列，每年寻找"最美家庭"的活动，都是一次好家风的传播。2020 年的颁奖活动，以现场采访、视频展示等形式进行了网上直播，吸引了近 30 万人关注，好家风带动了整体社会风气的向上向善。

与此同时，不良家风也会影响社会的整体风气，给政治生态带来破坏。前些年一些黑恶势力抬头，影响了当地的社会风气。为了惩恶扬善，党和政府采取了坚决的打击行动。自2018年全国扫黑除恶专项斗争开展以来，打掉了一批家族式的黑恶势力。如杭州打掉了以孙建桥等同胞四兄弟和十几名家族成员组成的黑社会性质组织犯罪团伙，成都打掉了李昌清家族成员的黑社会性质犯罪组织等。对这些不良倾向的严厉打击，不仅是保障群众的安全，更重要的是重振风清气正的社会风气，保证人民的安全感和幸福感。

二、立德树人与“家教”

中国人一直非常注重家庭教育，通过良好的家规家训来教育后代，其效果非常明显。如五代时期吴越王钱镠的家训，从个人、家庭、社会、国家各个方面对后代有严格要求。1000多年来，这个家庭后代人才辈出，近现代的钱三强、钱学森、钱锺书等科学、文化名人都出自这个家族。不过虽有家风传承的实践，但是我国家庭教育的理论研究起步较晚，我国近现代家庭教育研究专著是20世纪30年代陈鹤琴所著的《家庭教育》。这本书是作者在认真观察研究自己儿女成长基础上运用心理学理论写成的，是一本既有理论研究又有实践指导的书，至今仍有其现实意义。

新中国成立以来，我国的家庭教育研究和实践总体比较欠缺。改革开放以后，人们逐步关注家庭教育，但在理论探讨和实践调研方面还缺乏科学性。随着时代的发展和社会的多元化，我国家庭教育出现了不少误区，最突出的问题是重智轻德和攀比之风。“不要让孩子输在起跑线上”之类的表述，把人生跑道当成了一场学习竞赛，关注孩子的学习成绩，关注排名，而忽视道德、人品和人性的教育，影响了未成年人的健康成长。

新时代的家庭观的核心内容是立德树人的教育，习近平总书记提出家庭教育的“四个一”，即家庭是人生的第一个课堂，父母是孩子的第一任老师，帮助孩子扣好人生的第一粒扣子，迈好人生的第一个台阶。在这“四个一”当中，“最重要的是品德教育，是如何做人的教育”。[12] 习近平总书记在多个场合讲过他母亲教育他的故事：“我从小就看我妈妈给我买的小人书《岳飞传》……精忠报国在我脑海中留下的印象很深。作为父母和家长，应该把美好的道德观念从小就传递给孩子，引导他们有做人的气节和骨气，帮助他们形成美好心灵，促使他们健康成长，长大后成为对国家和人民有用的人。”[13] 立德树人家长为先，家长要关注党和国家的命运，抓住国家发生的重大事项与孩子一起分享，并树立正确的道德观。如 2021 年建党百年庆典中，不少家长带孩子一起参加活动，共同体验中国共产党的伟大；神舟十二号载人飞船飞向太空，家长除了引导孩子关注空间科学技术的发展，更重要的是与孩子一起分享作为中国人的自豪感；举国之力抗疫情、全面小康实现中国梦、乡村振兴大发展等这些发生在新时代的大事，家长如果多多关注并做好引导，都是最好的立德树人教育。

立德树人教育最核心的是爱国主义教育。习近平总书记指出：“中国人历来讲求精忠报国，革命战争年代母亲教儿打东洋、妻子送郎上战场，社会主义建设时期先大家后小家、为大家舍小家，都体现着向上的家庭追求，体现着高尚的家国情怀。”[14] 家国情怀是立德的根本，是最应该传递给孩子的核心内容。南开大学首任校长张伯苓在 1935 年抗日战争爆发后，为鼓舞学生的爱国热情，提出了著名的“三问”：“你是中国人吗？你爱中国吗？你愿意中国好吗？”这是历史之问、现实之问和未来之问，家长们可经常问问孩子这“三问”，让孩子在最简单的问题中体会到最实在的爱国主义精神。

为落实习近平总书记关于立德树人的思想，2019年5月，全国妇联、教育部等九部门将2010年颁布的《全国家庭教育指导大纲》进行了修订，把“以立德树人为根本任务”“培养德智体美劳全面发展的社会主义建设者和接班人”的思想性原则放在了指导原则的首位。这个大纲不仅有思想高度，而且有操作指导。大纲在立德树人的基本原则指导下，将儿童从0—18岁分成五个阶段，对儿童的心理和行为特征做了概述，对不同年龄段的家庭指导做了指引，值得家长与相关部门学习和使用。目前各地成立了家长学校和家庭教育讲师团，如有些地方的妇联开始对家长进行持证上岗的培训，有些学校建立了家长学校进行常态化的培训，但是不管用什么方式，家庭教育培训的指导思想一定要明确，就是以立德树人的家庭观为指导，教孩子如何做人，如何做一个堂堂正正的中国人，这是最核心的内容。

三、文化自信与“家和”

习近平总书记多次强调文化自信，在2020年全国抗击新冠肺炎疫情表彰大会上，他再一次指出：“文化自信是一个国家、一个民族发展中最基本、最深沉、最持久的力量。……中国人历来抱有家国情怀……倡导守望相助、尊老爱幼，讲求自由和自律统一、权利和责任统一。”[15]习近平总书记特别赞扬了14亿中国人民在这次抗疫斗争中的责任意识、自律观念、奉献精神、友爱情怀，从而铸就了强大的精神防线，这就是中国最重要的文化自信。

家庭作为传承中华民族传统美德的基本场所，体现了社会主义核心价值观“爱国、敬业、诚信、友善”的基本道德准则。在中国传统文化中，“家和万事兴”五个字是让全体中国人最容易接受的文化自信。这五个字是中国人的文化基因，是人们的心灵慰藉，是一种精神支撑，表现了最充分的文化自信。

家和——最基本的文化自信。我们从小就受到家庭的熏陶和教育，每个家庭都会自然和不自然地在孩子身上播下家庭的“三观”种子，从而奠定基本的文化烙印。有爱的父母一定会传承给孩子爱，孝敬长辈的父母一定会让孩子学会孝。习近平总书记的家庭就是表率，习近平总书记办公室书架上摆放着几幅温馨的照片：有一家三口和他父亲在一起的照片，有他深情牵着母亲的手散步的照片，有他同夫人彭丽媛在福建东山岛的合影，还有他载着女儿骑自行车的温馨照片，一幅幅家庭照定格了一幕幕温暖的瞬间，非常感人。以往领导人的家庭合照很少与领导人一同出现在公众场合，而习近平总书记将其展示在全国人民面前——孝顺的儿子、体贴的丈夫、慈爱的父亲形象，正是领导人文化自信的充分表现，而这些都来源于他们家好家风的传承。习近平总书记父亲习仲勋对子女教育非常严格，习近平总书记母亲齐心在回忆录中曾写道：“我们的两个儿子从小就穿姐姐穿剩下的衣服或花红布鞋，就是在仲勋的影响下，勤俭节约成了我们的家风。”[16]正是这种最基本的家风传承，让习近平总书记始终把服务群众的初心作为己任。每次扶贫考察，他都走进困难群众家中，拉着乡亲详细询问收入多少，掀开褥子看炕垒得好不好，打开锅盖问能不能吃饱吃好，抬头看看屋顶会不会漏雨。正如他在回答意大利众议长菲科的问题时说：“这么大一个国家，责任非常重、工作非常艰巨。我将无我，不负人民。我愿意做到一个‘无我’的状态，为中国的发展奉献自己。”[17]正是这种最基本的家风传承，让习近平总书记在治理国家中“我将无我，不负人民”。

家和——最深情的文化自信。“家和万事兴”之“和”字是有温度、有情感的。和谐、和合、和睦、和善等都蕴含着浓浓的中国的“和”文化，有着浓郁的感情色彩。2001年，习近平父亲习仲勋88岁的生日，时任福建省省长的习近平因公务繁忙，无法亲临给父亲祝寿，他即给父亲写了一封家信：

敬爱的爸爸：

今天是您的88周岁生日，中国人将之称为米寿。若按旧历虚两岁的话，又是您90岁大寿。……

自我呱呱落地以来，已随父母相伴48年，对父母的认知也和对父母的感情一样，久而弥深。我从您身上要继承和学习的高尚品质很多，最主要的有如下几点：

一是学您做人。爸爸年高德劭，深受广大人民群众和我党同志、党外人士的尊敬。……

二是学您做事。爸爸自少年就投身革命，几十年来勤勤恳恳、艰苦奋斗，为党和人民建功立业，我辈与您相比，实觉汗颜。……

三是学习您对共产主义信仰的执著追求。……

四是学您的赤子情怀。爸爸是一个农民的儿子，热爱中国人民，热爱革命战友，热爱家乡父老，热爱您的父母、妻子、儿女。您自己博大的爱，影响着周围的人们。……

五是学您的俭朴生活。爸爸平生一贯崇尚节俭，有时几近苛刻。家教的严格，是众所周知的。我们从小就是在您的这种教育下，养成勤俭持家习惯的。这样的好家风我辈将世代相传。

……[18]

这封信既充满了对父亲生日的祝福，又表达出他因公不能亲临贺寿的遗憾，更有对父亲人格与品德、胸怀与作风、信仰与追求的崇敬之情。结尾用“这样的好家风我辈将世代相传”表达出他会把父亲的好作风、好家风传承并服务人民的信念。

这封家信给各级领导干部的家风建设树立了很好的榜样。领导干部虽然以工作为重，但是对老人的孝敬、夫妻之间的相爱、给孩子的教育、家务劳动的责任都不能丢。习近平总书记作为党和国家的领导人，他的家庭责任感非常强，甚至做得一手好饭菜，他说：“男同志在家里不能当‘大爷’，不能回到家里就衣来伸手、饭来张口。我是能做一手好饭菜的，插队时练出的基本功。”[19]现在有些领导自己的工作之路走得很顺，但与家人很疏远，家务劳动也不做，对父母关心、对孩子教育和承担的家务劳动都太少，这样的领导能带好班子、当好领头人吗？所以领导在热爱工作的同时，对自己的父母、爱人、子女也要有爱有情，和和睦睦的家庭才能增强底气和自信心，更好地服务人民。

家和——最持久的文化自信。思想文化是一个国家、一个民族持久的灵魂。中华民族延绵不断的“家文化”给后人留下了宝贵的精神遗产，体现了最持久的文化自信。习近平总书记在演讲和文章中，多次引经据典，展示这种文化自信的持久和深厚：“中华民族历来重视家庭。正所谓‘天下之本在家’。”[20]“听说有的同学喜欢比吃穿，比有没有车接车送……一定不能比这些。‘自古雄才多磨难，从来纨绔少伟男’、‘少年辛苦终身事，莫向光阴惰寸功’。要比就比谁更有志气、谁更勤奋学习、谁更热爱劳动、谁更爱锻炼身体、谁更有爱心。”[21]讲到“诸葛亮诫子格言、颜氏家训、朱子家训等，都是在倡导一种家风”。[22]习近平总书记对中国传统文化“家”的引述，是对延绵数千年中国文化自信的现代化解读。中央广播电视总台将习近平总书记引用典故以“平‘语’近人”为主题编了12集电视片，其中2集都与家庭关联。一是“国之本在家”，讲述了习近平总书记对家庭建设的理论阐述；二是“报得三春晖”，讲述习近平总书记对传统“孝文化”的现代化理解与实践。理论与实践相结合，历史与当代相结合，体现了最持久的文化自信。

坚定文化自信，传承美好家风，把“家风”上升到治国理政的高度，将“家教”突出立德树人的内涵，把“家和”提到了文化自信的基点，正是新时代的家庭观最突出的特色。

【参考文献】

[1] [2] [3] [4] [5] [6] [7] [8] [9] [10] [11] [12] [13] [15] [19] [20] [21] [22] 中共中央党史和文献研究院 . 习近平关于注重家庭家教家风建设论述摘编［M］. 北京：中央文献出版社，2021：3、3、24、66、24、25、48、9、11、69、68、18、18、72、9、10、16、24.

[14] 习近平 . 在会见第一届全国文明家庭代表时的讲话［EB/OL］.(2016-12-15).http://www.xinhuanet.com/politics/2016-12/15/c_1120127183.htm.

[16] 人民网 . 习近平“家风”揭秘　齐心自述与习仲勋婚姻往事［EB/OL］.(2012-7-24).http://culture.people.com.cn/GB/n/2012/0724/c40565-18587699.html.

[17] 人民日报 . 习近平主席访问欧洲微镜头：“欢迎你到中国去”［EB/OL］.(2019-03-24).http://cpc.people.com.cn/n1/2019/0324/c64094-30991873.html.

[18]《习仲勋革命生涯》编辑组 . 习仲勋革命生涯［M］. 北京：中共党史出版社、中国文史出版社，2002：668-669.

新时代家庭教育的发展方向

林崇德 *

百年大计，教育为本；教育之基，首在家庭。2015 年 2 月，习近平总书记在中共中央、国务院举行的春节团拜会上讲话指出，“家庭是社会的基本细胞，是人生的第一所学校。不论时代发生多大变化，不论生活格局发生多大变化，我们都要重视家庭建设，注重家庭、注重家教、注重家风”“使千千万万个家庭成为国家发展、民族进步、社会和谐的重要基点”。可见，家庭教育肩负着国家发展、社会进步、协同育人的时代使命，光荣且艰巨。而今，身处百年未有变局、教育改革箭在弦上之际，家庭教育因所具有的教育之基础性、奠基性的支柱地位，其发展更是有万分的紧迫性，亟须我们立足当下，着眼未来，加强研究。

就当前我国家庭教育的发展现状而言，可谓喜忧参半。一方面，我国自古以来就重视家庭教育，家教传统早已深入人心；尽管在现代教育的发展历程中，家庭教育曾有段时间退居幕后，但随着教育理念的不断发展，当前家庭教育又重新回归主流，且重要性日渐上升。传统文化加之人们的重视，使我国家庭教育有着深厚的资源优势和大众基础，这是一个可喜的现象。但与此同时，当前正处于社会转型期，作为时代发展的映射，我国家庭教育不可避免地伴随着各种理念焦灼的困扰，集中表现在“德”与“智”的失衡（重智育轻德育）、“义”与“利”的角力（合理发

---

* 林崇德，北京师范大学资深教授，中国心理学会原理事长。

展与急功近利)、“古”与“今”的脱节（传统与现代教育理念的冲突）等方面。深思这种种困惑的起因，主要还是新旧交替之际，家庭教育章法尚处在探索中的缘故。因此，当前我们的首要任务，正是要明确新时代家庭教育的发展方向。在此，笔者想从目标、理念、方法、实践等方面就这一问题做些探讨。

一是要转向素养化的家庭教育目标。教育目标，即培养什么样的人，是整个教育系统包括家庭教育的立足点。当前社会转型为家庭教育带来的首要冲击便是培养目标不甚明确，由此导致重智轻德、教育过度（轻）、知行不一等种种问题，因此家庭教育目标是首要议题。党的十八大明确指出，教育的根本任务是立德树人；而这一教育方针的具体化和细化则是核心素养，指能够使学生适应终身发展和社会发展需要的必备品格和关键能力。必备品格即德育，充分体现社会主义核心价值观；关键能力即智育，是现代科学视野下的能力发展要求。核心素养旨在培养马克思所说的全面发展的人，是连接宏观教育理念、培养目标和具体教育实践以及连接家庭、学校和社会的中间环节，是我们新时代家庭教育发展的锚点。

二是要形成系统化的家庭教育理念。唯物辩证法和现代系统论指出，事物是以系统形式存在的有机整体，是由各种要素以一定结构组成的，是一个其功能不同于要素功能的系统，是由不同层次的等级组成的开放系统。据此，家庭教育既是一个系统工程，又是更大系统的构成要素，需要具备系统整合的家庭教育观。一方面，家庭教育自身是一个系统或有机整体，不仅包括父母与子女的互动，还有夫妻之间、子女之间的互动。在当代家庭结构转型、隔代抚养渐成主流的趋势下，家庭系统更囊括了三代人之间的联系。传统家庭教育主要强调父母及其他成年人对未成年孩子进行教育的过程，而近期心理学研究表明，家庭成员之间的关系质量，尤其是夫妻关系对子女成长特别重要，这就要求我们的家庭教育观念须与时俱进，在考察成人对孩子的教育之外，将夫妻互动、隔代互动等也纳入家庭教育的考量内容，做到祖孙三代相结合，从整体角度看问题。另一方面，家庭教育并非一个孤立的教育场域，它与学校教育、社会教育并称教育的三大支柱，是整个教育系统工程的一个关键环节，因此要特别注意与其他环节的有机联系。目前许多学者提出的家校共育正是这一理念的体现，相关实践也初有成效，这一方向应坚持下去，并探索如何有效扩展至与社会共育有机结合。

三是要遵循科学化的家庭教育方法。所谓科学，是指运用范畴、定理、定律等思维形式反映现实世界各种现象的本质和规律的知识体系。家庭教育的科学化，首先要学习发展科学，尊重发展规律。发展科学是一个由心理科学主导的对个体生命全程进行研究的学科，为全面系统地理解个体发展特点、科学合理地制定个体发展目标提供了扎实的理论支撑和实证依据。例如，发展是连续的、阶段性的，因此家庭教育需要以个体身心发展规律为基础；发展是多维度、多方向的，受到生理、心理、社会和文化等因素的共同作用，因此要注重优生、优育、优教相结合，从多个途径进行教育和培养；发展存在个体差异，因此要在对个体了解的基础上制定相应的培养目标与方案；发展是可塑的，应整合多水平因素以促进个体的积极发展。如此，应求“最近发展区”，促进合理发展，同时避免急功近利、过度教育。家庭教育方法的科学化，还要求在具体的研究实践中重视实事求是、注重客观标准、定性定量结合，提倡百家争鸣。

四是要强调中国化的家庭教育实践。家庭教育尤重实践，尤其是中国化的实践，具体含义有三：（1）要立足于我国新时代国情，解决我国现实的家庭教育问题。比如，大规模的人口流动迁移是我国人口发展及经济社会发展中的重要现象，直接催生出“留守儿童”和“流动儿童”两大儿童弱势群体，在与父母分离或随父母迁徙的特殊境况下，如何保障这些儿童青少年正常的家庭教育就是需要我们迫切关注的实践问题。(2) 中国化亦指在借鉴国际上家庭教育科学理念与实践经验的同时，与本土智慧充分融合，开展我们自己的家庭教育实践研究。相较于学校教育或社会教育，我国的家庭教育有着深厚的传统积淀，但其科学实践的历史相对短暂，针对性的研究及践行较为缺少，需要极大地加以丰富。(3) 要建立中国家庭教育自己的实践体系。我国有着深厚的传统家庭教育文化，这是一个很好的优势资源，我们的家庭教育研究者必须充分尊重自己的知识传统，扎根自己的现实土壤，建立自己的知识体系，才可能为中国、为世界家庭教育的发展作出贡献。

家庭教育之我见

顾明远 *

人们常常有这样一种错觉，一说起教育，总以为这是学校和老师的事情。有的孩子不听话，学习不努力，就认为这是学校的责任，是老师没有教好。其实，一个人在成长过程中，都要接受来自三方面的教育，这就是家庭教育、学校教育和社会教育。它们互相联系、互相影响。而家庭教育在人的成长过程中起着重要的作用，因为儿童的可塑性最大，最容易接受教育，而家庭教育是最早期的教育，时间最长，影响最深刻，是一切教育的基础。

家庭教育不同于学校教育，它有自己的规律。例如，学校教育包括了三个基本要素：教师、学生、教材。学校教育的过程是这三者相互作用的过程。而家庭教育只有两个基本要素，即父母与儿童。家庭教育没有教材，没有课堂，它的教育力量全在于父母的榜样作用。家庭教育与学校教育的这种区别就使家庭教育成为教育学科中的一个特定领域。但是，教育理论界过去很少研究家庭教育的特殊规律，只是把学校教育的一般规律搬到家庭教育中。诚然，作为教育的一个领域，家庭教育与学校教育有许多共同的规律和原则。但家庭毕竟不是学校，父母毕竟不是教师，家庭教育的过程不同于学校教育的过程，家庭教育必然有自己特殊的规律。只有认真地研究这些规律、掌握这些规律，才能把家庭教育建立在科学的基础上，才能使家庭教育顺利进行、取得良好

* 顾明远，北京师范大学资深教授，中国教育学会名誉会长、国家教育咨询委员会委员。

的效果。

家庭教育是一门综合性的科学，它涉及许多门科学，跟优生学、生理学、卫生学、营养学有关系，跟心理学、教育学、人才学、伦理学，甚至美学等也都有关系。它要研究家庭教育的目的、任务、特点和方法，研究父母的责任、父母的修养以及家庭教育与学校教育和社会教育的关系等问题。现在，对家庭教育的有些规律我们已经有了一定的认识，有许多规律我们还没有认识。有些父母教育子女很有经验，但有些经验还没有上升到理论层面上，因此没有被普遍地推广和运用。家庭教育作为一门科学，它的任务之一就是要总结家庭教育的经验、摸索家庭教育的规律，然后加以宣传、推广，使当父母的都懂得用科学的方法教育子女。

家庭教育的研究已有悠久的历史。在国外，如夸美纽斯的《母育学校》、卢梭的《爱弥儿》、马卡连柯的《父母必读》、苏霍姆林斯基的《家长教育学》等，都是讲家庭教育的。我国研究家庭教育的历史更长，颜之推的《颜氏家训》、司马光的《温公家范》，直到近代的鲁迅、陈鹤琴等都对家庭教育问题进行过探讨。但一般都是描述性的，属于经验型的，并没有建立在现代科学的基础上，对于家庭教育的基本规律缺少深入的研究和探讨，在理论上有较大的局限性。

中国本来具有悠久的家庭教育传统，前人积累了丰富的家庭教育实践经验。但在新中国成立以后的几十年里，家庭教育理论研究几乎无人问津，在教育科学领域里，家庭教育学科研究也几乎是一片空白。20 世纪 80 年代，对家政学专业的探索可以算是家庭教育研究的最初尝试。1987 年，时任国家教委党组书记的何东昌同志指示北京师范大学办一个家政专业，把教育研究工作从学校推广到家庭。当时，北师大和辽宁电大远距离教育音像出版社共同组织部分教师编写了包括《家庭社会学》《家庭教育学》《家庭经济学》《家庭美学》《家庭卫生学》等现代家政学丛书。这套丛书的内容包括分析研究家庭与社会的关系；指导各种类型家庭的建设和科学的家庭生活；建立良好的家庭伦理感情生活，促进家庭成员的身心健康和发展，以充沛的精力从事工作、劳动、学习，同时正确认识人与人、人与社会的相互作用，正确理解人与人、人与环境的关系；树立良好的家庭和社会风气，促进安定团结等。当时，这项工作在社会教育中开辟了一个新的领域，对优化家庭教育、丰富社会教育内容、提高家庭文化精神生活的质量、推动社会主义精神文明建设有着积极深远的意义。后来，赵忠心教授等一批学者着手专门研究家庭教育理论，取得了丰硕的研究成果。例如，赵忠心的《家庭教育学——教育子女的科学与艺术》、缪建东的《家庭教育学》、王大龙的《中国家教百年》等都是非常优秀的著作。

随着家庭教育研究的逐渐深入，也希望广大父母把家庭教育作为一门科学来学习和研究。要使儿童在家庭里打好全面发展的基础，父母就要有生理学、心理学、教育学、卫生学、营养学等方面的知识。家庭教育还包括如何合理地安排孩子的学习和生活，培养儿童的共产主义道德品质等。父母都要学习这门科学，懂得家庭教育的规律、内容和方法，使每个儿童都能在家庭中受到科学的、良好的教育，为儿童入学打好基础。在儿童入学以后，家长也要配合学校做好工作，使儿童能够茁壮成长，成为建设社会主义的人才。

面向新时代新发展阶段的家庭教育

丛中笑*

摘　要：党的十九届五中全会指出，我国将进入新的发展阶段。在新的发展背景下，家庭教育面临着新的形势和任务。家庭教育要紧紧围绕立德树人的根本任务，为儿童人生奠定坚实的发展基础。要以培养儿童良好品德为目标，提高家庭教育质量，提供覆盖城乡的家庭教育指导服务。面对新发展阶段，家庭教育必须树立新理念、构建新格局。要树立大教育观，构建大教育育人格局；要树立新时代家庭教育观，构建家庭教育新体系；要树立家庭建设系统观，创新家庭教育新格局。

关键词：新时代；新发展阶段；家庭教育；新发展格局

党的十九届五中全会指出，我国将进入新发展阶段。实现中华民族伟大复兴正处在关键时期。新发展阶段要全面贯彻党的教育方针，落实立德树人根本任务，坚持高质量发展主题。面对新形势，我们要重新审视家庭教育的任务和目标，进一步明确家庭教育的发展方向，为培养中华民族伟大复兴的建设者和接班人作出新的贡献。

* 丛中笑，中国儿童中心原党委书记，中国儿童少年基金会理事长，中国家庭教育学会首席专家团队成员，教授，主要研究学前教育、家庭教育。

一、新发展阶段的背景与任务

按照党的十九大确定的“两步走”战略安排，第二个百年奋斗目标将在2035年完成第一步，基本实现社会主义现代化。“十四五”时期是我国在全面建成小康社会、实现第一个百年奋斗目标之后，向第二个百年奋斗目标进军的第一个五年。在这个新发展阶段，家庭教育进入新的历史方位，我们要以习近平新时代中国特色社会主义思想为指导，努力办好人民满意的教育，要把新发展阶段、新发展理念、新发展格局和贯穿其中的高质量、可持续发展要求落实到家庭教育中，完成家庭教育的时代任务。

（一）落实立德树人的根本任务

“立德”，是树立道德，“树人”是人的培养，“立德”和“树人”关系紧密。“立德”是“树人”的核心要义，“树人”要树有道德的人。习近平总书记指出：“家庭教育涉及很多方面，但最重要的是品德教育，是如何做人的教育。”[1] 习近平总书记站在新的历史方位指明了家庭教育的新定位、新方向。家庭教育要在培育时代新人上下功夫，自觉在家庭中培育和践行社会主义核心价值观，引导儿童树立正确的世界观、人生观、价值观，培养德智体美劳全面发展的社会主义建设者和接班人。北京师范大学中国基础教育质量监测协同创新中心、北京师范大学中国教育与社会发展研究院、北京师范大学儿童家庭教育研究中心和《中国教育报·家庭教育周刊》联合发布了《全国家庭教育状况调查报告（2018）》（该调查以四年级和八年级学生及其班主任为调研对象），调查发现，四、八年级学生大都认为家长对自己最关注的前三位是学习情况（选择比例分别为79.8%、79.9%）、身体健康（66.6%、66.5%）和人身安全（62.2%、52.2%），其人数比例远高于对道德品质（25.3%、30.7%）、日常行为习惯（15.2%、18.7%）、兴趣爱好或特长（10.8%、7.1%）、心理状况（6.5%、11.1%）等方面的关注。与此同时，四、八年级班主任也认为家长最关注学生的方面是考试成绩（88.3%、90.1%），远高于对爱好或特长发展（6.6%、2.1%）、心理状况（14.2%、26.7%）和人际交往（7.6%、13.6%）等方面的关注。2015 年 12 月，全国妇联儿童工作部在第二次全国家庭教育现状调查结束后，发布了全国家庭教育现状调查的主要结果和核心数据，数据显示：目前父母过于关注孩子的学习，七成以上父母陪孩子写作业；部分父母缺乏对孩子劳动、运动等能力的培养，父母认为孩子最差的是家务劳动能力；家长在有关儿童法律方面的学习欠缺，认真学过的不足一成。在家庭教育中，大多数家长不知道家庭教育的首要任务是什么，他们把绝大多数时间和精力用在孩子学习文化和智力开发上，而忽略了对孩子最本质东西的培养，即对孩子品格的培养和人格的塑造。新时代的家庭教育首先要解决家庭教育的首要任务这个根本问题，要教给孩子“做人之道”，这是家庭教育的“大道”，“大道”偏了就会犯战略性的错误。

虽然我国一直重视儿童的品德培养，但是品德教育还存在着形式单一、方法简单、脱离儿童生活等问题，品德教育还没有真正走进家庭、走进儿童的心里。新时代新发展阶段把立德树人放在更加突出的位置，这与我国当前所处的时代背景分不开。面对当今世界百年未有之大变局，我们还有很多硬骨头要啃，特别需要有理想、有信仰、有才干的建设者和接班人。今天的儿童正是中华民族伟大复兴征程的见证者和参与者，少年强，则国强。新时代家庭教育已被纳入国家战略的版图中，立德树人是其根本任务，也是构建家庭教育新格局的根本宗旨和核心要义。

（二）为儿童人生奠定坚实的基础

习近平总书记在全国教育大会发表重要讲话时对家庭教育提出四个“第一”：“家庭是人生的第一所学校，家长是孩子的第一任老师，要给孩子讲好‘人生第一课’，帮助扣好人生第一粒扣子。”这一重要论述既为家庭教育指明了方向，也强调了家庭教育的基础地位与作用。基础是影响长远的事情，只有打好基础，才能给儿童一生带来幸福。《易经》言：“蒙以养正，圣功也。”[①]从小给孩子正确的启迪和良好的教养，这是圣人的功业。孔子也说过：“少成若天性，习惯成自然。”[②]家庭教育是启蒙教育，是养成教育，对儿童品德养成和习惯形成至关重要。

溯本求源，家庭教育是伴随着家庭的出现而产生的，孩子是在家庭中学习生存技能，为独立生活奠定基础的。伴随着生产力的发展和社会的进步，出现了培养人的专门机构——学校，之后学校逐渐成为育人的主渠道。家庭教育、社会教育、学校教育相继出现，相伴而行，只是在不同时期受到的重视程度不同。人类社会发展早期教育主要在家庭和社会中进行，随着社会生产的进步与发展，教育开始由专门的机构负责，儿童的教育主要在学校完成，家庭教育和社会教育逐渐被忽视。随着社会开放性与融合性的增强，人们越来越认识到家庭教育与社会教育对儿童发展的重要意义，家庭教育再一次受到广泛关注。大量的研究与实证表明，家庭教育伴随人的一生，影响人的一生。教育家蔡元培先生说：“家庭者，人生最初之学校也。”[③]家庭教育是“最初”的教育，发挥着“奠基”“培根”的作用。家庭教育重要的任务之一，就是为儿童奠定坚实的发展基础。具体包括：

---

① 《周易 · 蒙卦》的《彖传》。蒙卦是《易经》第四卦，处在乾卦、坤卦和屯卦之后。
② 《汉书 · 贾谊传》。
③ 蔡元培：《中国人的修养》，中国工人出版社，2008。

第一，可持续发展的基础。身心健康是发展的前提，要培养孩子健康的体魄和健全的人格。根据 2014 年《中国儿童青少年营养与健康报告》，当时我国中小学生不健康饮食行为普遍，部分城市小学生、初中生和高中生每周有 3 天以上不吃早餐的比例分别为 4.9%、10.2% 和 8.7%，有超过 80% 的中小学生早餐营养质量较差。城市中小学生食用西式快餐比较普遍。“一项 7 城市的调查显示，有 65% 的小学生食用西式快餐，初中生和高中生的比例分别为 85.5% 和 53.6%。”[2] 中国青少年研究中心和共青团中央国际联络部于 2005 年发布的《中国青年发展报告》显示：在我国 17 岁以下儿童青少年中，约有 3000 万人受到各种情绪障碍和行为问题的困扰。其中，有 30% 的儿童青少年出现过抑郁症状，有 4.76% ～ 10.9% 的儿童青少年出现过不同的焦虑障碍。身心健康是儿童发展的基本条件，家长要为儿童成长奠定良好的基础。

第二，奠定良好习惯养成的基础。教育家叶圣陶先生曾经说过：“积千累万，不如养个好习惯。”他认为：“教育的本质就是培养习惯。”习惯是一个人在长期的生活过程中逐渐形成的，是一时不易改变的行为和倾向。习惯一旦形成，就会在一定的情景下自然而然地“自动化”地表现出来。一般来说，习惯形成有三个层次：第一层次是不自觉的行为习惯，需要外力督促教育才能得以维持；第二层次是自觉的行为习惯，有了自觉的行为习惯，还需要通过意志努力来维持，一旦环境变化了，或有其他外力，行为习惯就会波动；第三层次是自动化的行为习惯，达到了类似本能的行为，不需要监督，也不需要意志努力，而是一种自动化式的行为习惯。家庭是儿童习惯养成的关键因素，一定要注意培养孩子的好习惯，要给孩子定规矩，持续按规矩做，久而久之就能养成好习惯。但是有些家长溺爱孩子，对孩子百依百顺，孩子一哭闹便规矩全无。根据习惯形成的三个层次，家长首先要督促孩子的习惯行为，多鼓励，也可适当物质奖励；其次要帮助孩子树立信心，自觉坚持。家长的意志影响着孩子的意志，家长的坚持影响着孩子的习惯养成。

第三，奠定公民教育的基础。让孩子从小懂得自己是中国人，中国是一个具有优秀文化传统和经历过各种苦难的民族。公民教育要由近及远，孩子先要弄清楚“我”是谁，然后才是“我”的存在能够为周围、为家庭、为社会和国家带来什么。公民教育涉及三个维度，即个人与自我、个人与他人、个人与社会。自我意识是认识外界客观世界的条件，没有正确的自我意识就很难处理好自己与他人、与社会、与国家的关系。认识了自己，才知道该去做什么，才会产生自律的行动，从而不断地自我提高。可见，自我意识是道德的必要条件。以往我们的教育缺乏对儿童自我意识的培养，造成儿童对他人、对集体、对社会、对国家的认识难以内化，更多停留在抽象的概念上。儿童只会按照成人的教授“人云亦云”，缺少自己的体验和对自己的判断分析。要把培养自我意识作为儿童认识外界世界的基础，没有正确的自我认知，爱国教育、公民教育就成为“空中楼阁”。

心理学家十分重视儿童自我意识发展研究，虽然说法不尽相同，但大多比较认同奥地利心理学家弗洛伊德的人格结构理论为代表的学派观点，即认为，儿童的自我意识是一个逐渐形成的过程，经历了不同的发展阶段，大致有生理自我、社会自我、心理自我三个发展阶段：三岁时形成生理自我，认识到自己的身体，知道镜子中的人是自己；三岁至十三四岁形成社会自我，这个阶段是个体社会化的重要发展时期，儿童在游戏中扮演着各种社会角色；十三四岁至二十三四岁是心理自我阶段，是个体主观化发展时期，自我意识趋向主观性。家长要重视孩子自我意识的形成，根据孩子不同的年龄阶段，发展孩子的生理自我、社会自我和心理自我。在此基础上厚植孩子的民族精神、激发他们的民族自豪感。

第四，奠定正确价值观形成的基础。价值观是人们对客观事物按其对自身的意义或重要性进行评价与取舍的观点。它是形成人生观、道德观及政治观的基础和核心。人们的观念、态度、行为上的矛盾与不和都反映的是价值观之间的冲突。价值观形成是一个潜移默化的过程，家长的一言一行都为儿童价值观的形成奠定了基础。家长要了解儿童价值观形成的规律，帮助儿童从小树立正确的价值观。相关研究表明，儿童信念价值观的发展为：0 ～ 7 岁儿童处于印记阶段，基本是完全接受家长讲授的道理，这时家长要给孩子正确的价值观引导，系好第一粒纽扣；8 ～ 13 岁处于模仿时期，模仿家长、模仿老师，家长的言传身教对孩子的影响特别大，家长要为孩子树立好榜样，要注意自己的一言一行，发挥示范和引导作用；14 ～ 21 岁处于社交期，也是孩子的叛逆阶段，周围朋友、同学对他的影响更大，开始与父母之间形成“代沟”，自己懂得一些道理，但还不全面、不深刻，希望表达自我。对于处在社交期阶段的孩子，家长要特别有耐心，要以朋友身份与孩子对话，如果还想像教育小孩子那样高高在上，孩子就会产生逆反心理。价值观的教育是一个长期的“润物细无声”的过程，家庭和家长的作用特别重要，为儿童价值观的形成奠定了基础。

（三）促进高质量发展

党的十八大以来，家庭教育受到前所未有的重视，党委领导，政府落实，出台了一系列文件，各地各部门积极推动，社会力量踊跃参与，家长主体作用得到了发挥。但是家庭教育发展不平衡不充分与家长多元个性化需求之间的矛盾仍十分突出，城乡之间的差异仍十分突出，供给侧与需求侧不协调仍十分突出。新发展阶段必须树立高质量发展的理念，落实高质量发展目标，实现高质量内涵式的发展。家庭教育的高质量发展包括三个维度：儿童、家长、支持服务。

第一，要促进儿童发展。儿童的发展是全面的、健康的，不能只抓学习成绩，其他全都不顾。促进儿童发展就是要以儿童为本，尊重儿童成长发展规律。家长是家庭教育实施的主体，但是这并不等于可以以自己的要求代替儿童的需要，以自己的判断代替儿童成长的规律，要认识儿童身心发展规律和个体发展差异，科学地、有针对性地引导儿童发展。

第二，要建立良好的亲子关系。亲子关系是儿童最早建立起来的人际关系。父母的人品，对子女的教养、抚养、教育方式以及态度等，都直接影响孩子的身心发展，以及儿童今后的人际交往关系。儿童早期，由于身心发育不成熟，生活不独立，主要依赖父母。有关研究认为，亲子关系表现为抚养、管教及培育三种模式。“抚养”指把生理及心理尚未成熟的幼小孩子抚养长大；“管教”指协助孩子学习，告诉他们什么是对与错、哪些事该做哪些事不该做，以及帮助孩子养成良好的习惯，成为健全的人；“培育”指帮助孩子获得机会、资源与经验，培养孩子适应社会的能力与信心。随着儿童年龄的增长，父母与子女的关系不断发展，由早期的“纵向关系”转变为“横向关系”，从父母主导的亲子关系过渡到双向互动的亲子关系，之后再到平等的朋友式的亲子关系。有些家长习惯了亲子之间的“纵向关系”，不善于过渡到平等、互动的“横向关系”，从而造成亲子关系紧张，甚至恶劣。家长要明白，孩子是要长大的，家长只是孩子成长的“扶手”，当孩子需要的时候给他支撑，当孩子不需要的时候要马上撤出，给孩子发展空间。家长切忌用早期“纵向关系”代替“横向关系”，不能让“纵向关系”的惯性无节制地持续下去。亲子关系既是家庭教育的基础，也是儿童人格建构的基础，对儿童一生都十分重要。家长要高质量地陪伴儿童，增强互动，激发儿童的积极情感，通过良好的亲子关系建立儿童对社会的信任感。

第三，家长要承担家庭教育的主体责任。《三字经》里就提到“养不教，父之过”，父母生了孩子，不仅要养，更重要的是要教。教育部印发的《教育部关于加强家庭教育工作的指导意见》中指出，教育孩子是父母或者其他监护人的法定职责，要依法履行家庭教育职责。目前，家长在履行主体责任中存在几种误区：一是认为，父母只管生，孩子自然成长，家里有什么条件就提供什么条件，无精力也无须更多地关注和干预，孩子的发展主要凭借他自己的天分和运气，自己没有义务为孩子尽太多的责任；二是认为，家长主要是为孩子创造物质条件，教育孩子很专业，不是自己擅长的事情，应该全权交给学校，一些家长外出打工，几年也不常联系孩子，在他们看来，多挣钱，让孩子吃好穿好上好学校，自己就尽到责任了；三是认为，家长在教育孩子中的职责是协助学校，老师要求怎么配合就怎么配合，主要是帮助孩子提高学习成绩，让孩子能考上好学校，自己就尽到责任了。以上三种认识与做法都没有很好履行父母的法定责任，对儿童的发展都是不利的。

父母在家庭教育中究竟要履行什么职责呢？首先，要依法履行家庭教育职责。要了解掌握孩子不同年龄段的表现和成长规律，要尊重孩子的合理需要和个性特点，对学龄前孩子，家长要以日常生活和游戏为主，让他们获得有益于身心发展的经验。对小学阶段的孩子，家长要帮助其养成良好生活自理习惯和学习习惯，让孩了多做家务劳动，激发孩子学习内生动力。对中学生，家长要培养孩子积极的学习态度，鼓励孩子开阔视野，多参加实践活动，积极思考，善于学习。其次，家长要掌握科学的教育方法。正确的教养方式是对儿童最有力的支持，要多采用引导、协商、民主的教养方式，为儿童成长创造宽松的教养环境。要鼓励儿童自己动手、自己思考、自己尝试，让儿童主动参与，孩子能自己做的事家长一定要让他自己做；要创设良好的家庭环境，家庭成员之间要和睦和谐，要给儿童稳定感、安全感；要有读书的氛围，从小培养儿童读书的兴趣和习惯。最后，家长要自觉提高家庭教育水平。要多学习家庭教育知识，形成正确的儿童观和教育观，不断地提升自身素质和家庭教育的能力，为孩子做好榜样和示范。

第四，以家长需求为导向，提供家庭教育供给。需求与供给是一对双循环，两者之间密不可分。需求影响供给，供给引导需求。不要盲目地供给，不考虑需求，也不要被动于需求，不去创造和引导需求。家长在进行家庭教育中非常希望得到专业指导，要把家庭教育指导服务放在家长身边，家长有问题可以随时询问。未来家庭教育指导服务应该作为城乡社区公共文化服务的“标配”，纳入基层党委政府工作中，为居民排忧解难，输送优质的教育服务。充分利用互联网技术，构建覆盖面广、科学权威、便利实用的网上家长学校，增加互动性，有针对性地为家长答疑解惑，指导家长做好家庭教育。还要以家长现有的需求为基本点，激发未来的新需求。比如，我们要研究家庭结构与家庭教育的关系，不同类型的家庭对教育的需求是不同的。再比如，我们发现父亲在家庭教育中参与度比较低，就可以设计相关的活动，调动父亲教育子女的积极性。

二、新发展阶段家庭教育的新理念与新格局

面对新发展阶段家庭教育的新形势、新任务，我们必须树立

新的家庭教育理念，构建家庭教育新格局。

（一）树立大教育观，构建大教育育人格局

家庭教育作为党的教育事业的重要组成部分，绝不仅仅是家庭的事，也不是倡导一下就可以自然发展起来的，它需要党的直接领导、政府的强力推动、学校的主动参与指导、全社会的协同支持。“十四五”时期要紧扣落实立德树人根本任务，深化教育改革，形成家校社协同育人的教育机制，努力构建德智体美劳全面培养的教育体系。家庭教育在教育体系中具有举足轻重的作用。美国著名的《科尔曼报告》（1966 年）对 60 万学生进行调查，结果表明：孩子 90% 以上的素质是由父母决定的，影响孩子成长的主要因素是家庭。法国启蒙思想家、文学家、哲学家伏尔泰曾经说过：“对亚当而言，天堂是他的家；然而对于亚当的后裔而言，家是他们的天堂。”

教育儿童不能只盯着学校教育，苏霍姆林斯基认为，没有家庭教育的学校教育和没有学校教育的家庭教育都不可能完成培养人的任务，他形象地把儿童比作一块大理石，他说：“把这块大理石塑成一座雕像需要 6 位雕塑家，包括家庭、学校、儿童所在的集体、儿童本人、书籍、偶然出现的因素。”[3] 新时代要构建系统的人才培养体系，需要重新审视家庭教育，要把家庭教育的视野从私密领域扩展到公共领域，树立家庭教育既是家事、也是国事的新理念，政府、学校、家庭、社会都要站在为党育人、为国育才的战略高度，重视家庭教育在人才培养中的重要意义和作用，站在国家层面整体谋划我国育人体系，加快家庭教育立法，明确政府职能，聚集各方面资源，构建家庭、学校、社会协同的“大教育”育人格局。习近平总书记正是站在国家发展战略的高度，特别强调了家庭教育的重要作用，为我们构建新发展阶段教

育新格局指明了方向。

“大教育”育人格局的最大特点是整体性、系统性。要改变教育条块分割、分而治之的管理体系，统筹谋划“大教育”的战略布局，紧紧围绕育人目标，明确家庭教育、学校教育、社会教育各自的目标、任务，以及实现途径与保障措施，确保家校社“三教”协调统一，形成合力。要挖掘“三教”各自的优势，充分发挥各自的作用，互相补充、互相促进。学校要发挥专业引领作用，在理论研究、人才培养等方面多下功夫；社会要动员各方面力量，为儿童提供实践场所，提供科学便利的家庭教育指导服务；家庭要把教育融入家庭生活中，利用一点一滴的日常生活，培养儿童的好思想、好品德、好习惯。

要研究家庭教育和社会教育的规律与特点，不能都用学校教育来代替，在未来社会中，学校作为教育的主渠道会受到挑战，学校教育对儿童的影响是有限的，家庭与社会的影响不可小觑，许多研究和事实表明，家庭对儿童思想意识、品德态度、社会行为的影响是最早的“印刻”，这种“印刻”发生在儿童成长的关键时期，影响深远。德国行为学家劳伦兹称之为“印刻效应”现象，他的研究表明，只要“印刻”在关键期发生，实际上就是不可逆的了。许多研究者的研究也证明了“印刻效应”现象不仅存在于低等动物之中，而且同样存在于人类中。

（二）树立新时代家庭教育观，构建家庭教育新体系

新时代的家庭教育如何定位是亟待明确的问题。家庭教育是“做人”的教育，是播种优良品德种子、塑造美好心灵的教育。家庭教育要解决的是让孩子做什么样的人和怎么做人的问题，必须以立德树人为根本建构新时代家庭教育体系。

重智轻德是目前家庭教育的突出问题，解决这个痼疾并不容

易，这与智育和德育本身的特点有关。智育是一种传授文化科学知识和技能的教育活动。中国早在西周时期已有“六艺”（礼、乐、射、御、书、数）之教，古希腊（雅典）也有“七艺”（文法、修辞学、逻辑学、算术、几何、天文、音乐）之学。17 世纪以后，英国思想家 F. 培根、捷克教育家 J.A. 夸美纽斯提出传授百科全书式的科学知识的泛智教育，主张把一切知识教授给一切人。一般而言，智育与知识关系密切，具体、可测量。德育是一种对受教育者施加思想、政治和道德等方面影响的教育活动，是与世界观、人生观、信念和政治信仰、道德相关的教育，与人的思想和意识形态相关。我国自古以来就重视品德教育，早在两千多年以前，我国古代的著作中就出现了“道德”这个词语。“道”表示事物运动变化的规则；“德”表示对“道”认识之后，按照它的规则把人与人之间的关系处理得当。德育比较抽象，渗透在日常生活中，难以测量和把握。在学校里，“智”的方面对孩子影响比较大，更具有刚性表现，家长盯得很紧；而“德”的方面不太容易表现出来，缺少有效的载体，家长不重视，好像可有可无，显得比较软性。

教孩子做人最重要的就是培养孩子的德行。司马光在《资治通鉴》中写道：“才德全尽谓之圣人，德胜才谓之君子，才胜德谓之小人。”家庭对儿童的品德影响很大，是天然的品德教育场所，在日常生活中潜移默化地塑造了孩子的品行。新时代要围绕孩子的品德养成构建家庭教育体系。

第一，明确家庭教育的目标。家庭教育与学校教育不同，不应该以知识学习为目标，要以品德养成为目标，帮助孩子养成正直、担当、宽容、勤奋、勇敢、独立等优良品质。

第二，重新审视家庭独特的教育价值。家庭生活是家庭的生存方式，是家庭教育的“大课堂”，是品德教育的“活教材”。家庭生活的要素包括生活环境、家庭文化（家规家训）、家庭成员的关系、家长与孩子的沟通、习惯培养与家务劳动、家庭活动等。比起学校教育，家庭教育是一种隐性教育，家长的言行、态度都为孩子树立了榜样，潜移默化影响着孩子的成长。家庭教育不仅是对孩子的教育，也是家长重新塑造和自我成长的过程。要重视家庭对儿童品德教育的独特作用。

第三，要充分认识家庭教育的个性化。家庭教育的个性化包括两层含义。首先，考虑到不同类型的家庭。家庭结构指家庭中成员的构成及其相互作用、相互影响的状态，以及由这种状态形成的相对稳定的联系模式。家庭结构类型的不同，导致家庭环境、家庭教育方式、家庭成员之间的关系等方面的不同，从而影响了儿童的品行与性格。美国社会学家默多克于 1949 年就提出划分家庭结构的概念，家庭结构主要有：核心家庭，由父母和未婚子女组成的家庭；主干家庭，由两代或者两代以上夫妻组成的家庭，如父母和已婚子女组成的家庭；联合家庭，指家庭中有任何一代含有两对或两对以上夫妻的家庭，如父母和两对以上已婚子女组成的家庭或兄弟姐妹结婚后不分家的家庭；其他形式的家庭，包括单亲家庭、隔代家庭、同居家庭、单身家庭等。近年来，我国还出现大量的流动儿童家庭和留守儿童家庭，以及回流家庭，即从流动地返乡的家庭。目前，我们的家庭教育还局限于城市家庭和普通家庭，很少考虑特殊类型的家庭。其次，考虑不同类型的儿童。儿童分为四种气质类型，即多血质、胆汁质、黏液质、抑郁质。多血质的特点是：情绪高涨，喜欢直观、形象的思考，反应快，善于交往，抑制性差，兴趣广泛而不稳定，钻研精神不足；胆汁质的特点是：做事干练利索，表现欲强，希望占上风，争上游，不甘示弱；黏液质的特点是：不易激动，行为平静、自制力较强，做事有条理，冷漠，不善交往；抑郁质的特点是：怯弱、害羞，不太合群，善于思考。家庭教育要根据孩子不同气质类型的特点，有针对性地施教，满足他们的不同需求。

（三）树立家庭建设系统观，创新家庭教育新格局

党的十九届四中全会《决定》明确提出，构建基层社会治理新格局，要“注重发挥家庭家教家风在基层社会治理中的重要作用”。首次将家庭、家教、家风纳入基层社会治理体系之中，这是新时代家国共建思想的具体体现和创新实践，是对家庭家教家风工作的新要求和新布局。

家庭关系是社会关系构成的基础。我国与西方国家有着不同的家庭关系，由此所构成的社会关系也不同，这就决定了我国的社会治理与西方国家有着很大的差别。费孝通在《乡土中国》中提出，中国由亲属关系和地缘关系所决定的差等次序关系，造就了中国独特的“差序格局”。“差序格局”如同“一块石头丢在水面上所发生的一圈圈推出去的波纹”①，每个人都会受到波纹的影响，正所谓“一人得道，鸡犬升天”，一人犯罪则要“株连九族”。在中国的乡土社会中，家并没有严格的团体界限，可以扩大成为氏族和部落，其功能不只是为了生育，也赋有政治、经济、宗教等更复杂的功能。而西方社会是有如捆柴的“团体格局”，每个家庭相互独立、相互平行，家庭关系与社会关系是截然分开的，相互之间不会存在太多的牵连。他们的家庭是团体性的社群，团体之间界限分明，各自关系松散，这个社群能经营的事务也很少，主要是生儿育女。费孝通深刻分析了中西方家庭与社会关系的不同，揭示了中国家庭关系在社会关系中的地位与作用，让我们进一步认识到，中国的社会治理起点在“波纹”的中

① 费孝通：《乡土中国》，山东文艺出版社，2019。

心，也就是家庭。家庭教化是社会教化的起点。我们都知道世界四大文明古国，只有中华文明的根脉一直延续至今，究其原因，家庭作为传承的载体发挥了不可估量的作用。梳理一下中华民族传统文化的传承，不难发现，家庭是其传播的起点和重要的实施场所。古人所推崇的“三纲五常”，将夫妻关系、父子关系与君臣关系并列，通过规范家庭关系达到社会和谐与治理的目的。社会教化是先从家庭开始的，由此呈现出我国自古形成的“家训家规”这道独特的风景线，家训表达了一个家庭的基本价值观，家规制定了家庭关系与活动的具体规范。家训家规是古代进行家庭教化的一种形式，通过对家庭的有序治理，达到“齐家”的目的，从而实现“治国”和“平天下”。有形的家训家规与无形的家风构成了传统的家文化，家文化深入到每个家庭及其成员，这种文化扎根于民众，具有极强的普及性与生命力，久而久之就转化为民族精神的基因，构筑起国家治理的文化基础。

对于家庭教育，我们不仅要在教育范畴中思考，还要在基层社会治理中如何发挥家庭家教家风作用上进行思考。

首先，要把家庭的社会教化功能扩展到基层社会治理中。我国古代的家庭教化是按照统治者的要求实施礼教，培养适应社会的人，家庭是统治、奴役人思想的重要场所。新时代重视家庭家教家风，是将家庭建设纳入基层社会治理中，发挥家庭在社会治理中的作用，充分展现了人民当家作主的思想。这既符合中国传统家国同构的理念，又在家与国之间搭建了一座桥梁——基层社会治理，使家国同构在制度上得以保证。

其次，要把家庭成员从治理被动的接受者转变为主动参与者。古代家庭成员要严格遵循统治者的纲常礼教，等级观念、歧视观念、不平等观念充斥其中，人被放在由统治阶级确定的秩序与框架中。经过几代人的不懈努力，特别是新中国成立后，我国构建了新型的家庭关系，夫妻平等、父子平等，家庭不再是束缚人们的枷锁。

党的十八大以来，习近平总书记高度重视家庭建设，多次提出要注重家庭家教家风，党的十九届四中全会《决定》又强调了家庭家教家风在基层社会治理中的作用，赋予了家庭建设的新内涵。家庭作为基层社会治理的基本单位，不是被动的接受者，而是重要的参与者和推动者。自治是基层社会治理的重要途径和最终目的，家庭成员是基层社会自治的主体。家庭教育是实现自治的重要途径。

最后，要把家庭从相对封闭的模式拓展为更加开放的模式。传统的家庭是比较封闭的，古代的妇女更是“大门不出，二门不迈”，“三纲五常”严格的等级观念，压抑了人性，泯灭了人的创造力。现代社会，家庭结构也发生很大变化，几代同堂减少，核心家庭越来越多。虽然家庭与社会对接越来越多，家庭的许多功能被社会代替，但是城市中家庭之间的来往越来越少，甚至有的孤寡老人去世多日，邻居也不知道，家庭越来越封闭。把家庭建设纳入基层社会治理，让社区提供家庭教育指导服务，既可以提供家庭教育指导，又可以增进家庭之间的交流和互动。

家庭是社会的细胞，家风好社风才能好。家风影响着孩子的成长，生活在不同家庭的孩子，必然会不知不觉地受到家风的影响和熏陶，其思想、品行、性格、气质，必定带有这个家庭家风的特征或痕迹。家风是家庭建设的重要内容，家庭教育是形成好家风、传承好家风的重要手段。好的家风具有很强的时代特征，新时代的家风要把社会主义核心价值观融入其中，家庭是培育和践行社会主义核心价值观的重要载体，家长要用良好家风教育孩子，帮助孩子扣好人生第一粒扣子、迈好人生第一个台阶，从而培养合格的社会公民。

新时代新发展阶段需要我们用新发展理念构建家庭教育新格局。要研究家庭教育理论，分析现代家庭教育的特点和规律，形成指导引领家庭教育实践的理论思想，加强家庭教育理论与学科建设，推动家庭教育实践的发展，发挥在家庭教育与学校教育、社会教育协同育人中家庭教育的独特作用。

【参考文献】

[1] 习近平 . 在会见第一届全国文明家庭代表时的讲话［N］. 人民日报 ,2016-12-16(2).
[2] 李小伟 , 张春铭 . 食育改变舌尖上的未来［N］. 中国教育报 ,2014-06-24(5).
[3] 苏霍姆林斯基 . 家长教育学［M］. 林志英 , 译 . 北京：中国妇女出版社 ,1982:12.

对现代家庭教育的几点思考

谈松华*

家庭教育是我国现代教育体系的重要组成部分，对儿童的发展具有举足轻重的作用，受到党和国家的高度重视。党的十九届五中全会提出建设高质量教育体系的战略任务，在一定意义上讲，没有高质量的家庭教育，就不可能有高质量的教育体系。在社会转型和教育转型这样一个新的历史条件下，家庭教育受到社会各方面的广泛关注，其理论与实践已经成为当前的热点问题。近年来，专家学者和一线教育工作者在这个领域进行了大量的研究和探索，取得了许多成果，在当下这个迅速发展和深刻变革的时代，家庭教育面临的诸多新情况和新问题，是值得我们从新时代的特征和中国国情出发，进行跨学科、多方面的探索的。我对家庭教育没有做过专门研究，在这里谈一些比较直观的认识和体会。

第一，关于家庭教育的内涵。过去，我们是把“保育”“养育”和“教育”分离开的，“保育”和“养育”主要是指家庭对孩子抚养和照料的过程，是对孩子早期的影响，并未纳入教育范畴和体系。“教育”则被认为是从孩子接受学校教育开始的。而现在，有关“家庭教育的内涵”是从现代终身教育的视角来看的，教育不再局限于学校教育，而是贯穿孩子一生的过程。家庭教育也是对孩子一生的影响，因此，家庭对孩子的“保育”和

* 谈松华，国家教育咨询委员会委员、国家教育发展研究中心研究员。

"养育"也应该是教育的一部分。有的国家就把孩子学会穿衣、刷牙等行为习惯的养成以及人际交往中的礼仪、规则等作为教育内容，列入培育大纲。所以，0 ~ 3 岁的婴幼儿教育和 4 ~ 6 岁的学前教育应该纳入现代教育体系。可喜的是，在九部委发布的《全国家庭教育指导大纲（修订）》中已经明确提出了这样的要求，但是从纳入现代教育体系的要求看，还没有落实人员、设施、教学材料等方面的制度和实施保障。同时，在青少年成长的不同阶段，家庭教育会以不同的内容和形式发挥重要作用。所以，家庭教育对于孩子的身心发展、性格和习惯的形成、智力发展乃至人际交往能力等诸多方面都具有重要的基础性作用。

有关内涵的另一个问题是家庭教育的作用和功能应该是什么？受传统教育观念和现行考试升学制度的影响，从学校到家庭，大家往往把"教育"局限于让孩子习得知识、学会技能、考出高分、升入名校。不仅学校成了各种考试的竞技场，家庭也被动地充当了这种竞争的"起跑线"和"加油站"，严重扭曲了家庭教育的功能，影响了孩子的健康成长，甚至加剧了家庭矛盾，更有酿成惨剧的个例。这不只是家庭教育的问题，而是教育和社会的系统性问题。只有教育正本清源，回归本真，家庭教育才能发挥其应有的功能。当然，家长的教育观念、社会认知、对子女的期望也是重要的原因。在成才通道极其狭窄的学历社会环境中，家长往往把得高分、进名校作为孩子成功的最高，甚至唯一目标和期望，由此一来，家庭教育就窄化成为升学竞争的助推器，牺牲了孩子在家庭生活中本应得到的宽松、温暖和乐趣。这个问题人们思考和讨论了相当长时间，现在更需要从新时代培养时代新人的高度，系统地思考我们的下一代怎样才能担负起民族复兴、国际竞争、建设社会主义现代化国家的历史重任。可以预期，在急剧变化和创新主导的时代，孩子所要具备的素质越来越综合，不仅需要成为一个有知识和能力的人，更需要成为一个身心健康、人格健全、对社会有贡献的人。由此看来，家庭教育应把目光放得长远，避免片面、狭隘地判断孩子的成长。要深刻思考孩子发展所需，注重孩子的习惯形成、品德培养、素质提高、人格塑造等。

第二，关于家庭教育的起点。习近平总书记在 2016 年会见第一届全国文明家庭代表时强调要“注重家庭、注重家教、注重家风”，这是家庭教育首先要考虑的问题。和谐的家庭关系和良好的家风是家庭教育的基础。没有良好家庭关系的建立就无从开展家庭教育。因此，良好的亲子关系的建立应是家庭教育的起点。

亲子关系的实质是父母与孩子之间的亲情之爱，这本是由血缘关系形成的，还应发展成为家长对孩子成长过程的关爱与理解。父母在生活中给予孩子爱，孩子会从中得到安全感、得到快乐、得到自信，有助于孩子健康人格的养成；父母爱的行为（包括适度的严格要求）也会在潜移默化中影响到孩子，使孩子成为一个有爱心和有上进心的人，对孩子情感和人际关系的发展十分有益。而这种关系不是父母对孩子说教就可以形成的，它需要家庭成员之间真正建立充满爱意的互动关系。好的亲子关系会伴随着孩子成长，在进入学校教育阶段后乃至在一生的学习与工作生活中，都会发挥不可替代的正向功能。

建立在亲子关系基础上的教育正是家庭教育区别于学校教育和社会教育的特征所在。在此基础上，家庭教育的内容和方式会有所不同，例如，对孩子要求和态度的宽与严有时会有争议，其实只要建立在亲情之爱的基础上，家长按照不同年龄和学段孩子的成长要求和基础，做到宽严有度，就会产生教育效果。当然，如果宽到不重视、不关心孩子的教育，严到伤害孩子自尊心或身心健康，那就没有尽到家庭教育的责任，违背了孩子成长的规律，既会伤害到亲子关系，也会影响到孩子的发展。

第三，关于家庭教育与学校教育的关系。在制度化的学校教育出现后，学校教育逐渐成为正规教育的主要形式，家庭教育似乎可以被忽视甚至被取代，而事实却并非如此。20 世纪美国科尔曼教育报告对于学校教育与家庭教育对学生成长的影响作用的研究结论是，家庭教育对中小学学生发展的影响比学校教育更大。当然，家庭教育和学校教育对学生影响的侧重点是不一样的，但是，家庭教育的作用是不可忽视或替代的，我们需要研究和处理好两者之间的合作互动的关系。

家庭教育和学校教育应承担好各自的责任。对于在信息化、智能化时代学校教育的作用和形式，教育界正在进行研讨和探索。经济合作与发展组织（OECD）曾经提出了六种未来学校的类型，这启示我们在新时代的历史条件下，学校教育和家庭教育的作用和形式是会发生变化的，这值得我们关注和思考。而我们现在需要讨论的是在转型期的学校教育和家庭教育如何更好地发挥各自的作用，尽到各自的责任，并且在此基础上做到“家校合作”“家校共育”，一起把孩子培养成人。笔者的想法是，在现阶段，学校教育应该承担国家规定的有目的、有组织的系统教育的职能，家庭教育则应根据不同的情况，与学校教育相配合，在实现教育目标中发挥个性化、精准化教育的优势，特别是在发现和培养孩子兴趣特长、养成良好的学习和生活习惯、增强生活与社会交往体验等方面发挥独特的优势。要在厘清各自责任的前提下，主动作为，增强效能，而不是互相推诿，增加家校矛盾，抵消教育效果。

家庭教育和学校教育之间如何联系和合作也是很重要的。既然家庭教育与学校教育在作用和功能上是有区别的，那么两者之间只有形成合力，才能相得益彰。因此，“家校合作”是家庭教育和学校教育需要共同探索的问题。各地也有相关的经验，学校在利用传统的家长会、家访、学生学习情况报告单等形式外，利用互联网、大数据等新技术建立家校联系和合作的新模式。至于如何让家长参与到学校教育中来、学校如何对家庭教育给予支持和指导、两者如何良性互动，还需要制度保证，建议制定学校章程，加以明确规定。

时代的发展变化必然引起家庭教育与学校教育之间关系的变化。现代社会正在经历转型，一是科学技术迅猛发展，网络化、智能化向社会生产生活的加速渗透为教育的内容和形态提供了新的思路，也为家校合作、家校共育提供了技术支持；二是新的学习对象具有新的特征，如学生自我意识开启的时间提前、学习渠道增多、学习能力增强，要更加尊重孩子的自主性和独立性；三是在快速发展的城镇化过程中，家长地域流动、职业流动增多，流动儿童、留守儿童、单亲、隔代等家庭类型增多，家长的教育观念和教育诉求也随之改变。针对这些情况，学校和家庭合作的方式和内容都应该有所改变，学校和家庭如何联系、如何协调配合才能使教育的效果最大化，这值得我们去深入探索。

第四，关于如何提高家长素养和对弱势群体家庭进行帮扶。家庭教育的作用及其质量与家长的综合素养有着密切的关系，包括家长的综合能力、教育观念、教育方式等，例如，多年前在上海浦东，就有一部分女性家长停职专门负责孩子的教育。她们在国内或国外受过良好的高等教育，不仅主动配合学校教育孩子，还组织成立家长委员会参与学校的管理和相关事务，对学校教育发挥了重要的辅助作用。但是大多数家长还缺少这样的素养、意识和能力，我们需要通过家长学校、网络平台等形式，为家长提供学习和交流的机会，提高家长素养以及进行家庭教育的知识和能力。

我国地区差别、城乡差别、家庭背景差别很大，如何使家庭教育和学校教育配合融洽，要兼顾不同家庭的共性和特性，兼顾不同城乡地区、不同父母教育经历等实际情况，不能千篇一律。特别要关注农村、欠发达地区弱势家庭在家庭教育中观念和能力上的缺失，需要政府、社会、学校多方面介入，采取志愿服务、结对子和组织专门的培训等方式，提高他们使用网络的技能，提高他们承担教育责任的自觉性以及知识和能力，更好地促进教育公平。

家庭教育最重要的是品德教育

孙云晓*

家庭教育千头万绪需抓根本，这个根本就是做人的教育，其核心是品德教育。在《习近平关于注重家庭家教家风建设论述摘编》一书的第三部分，即“家庭教育最重要的是品德教育”中，习近平总书记明确指出：“家庭教育涉及很多方面，但最重要的是品德教育，是如何做人的教育。”习近平总书记对于如何在家庭教育中做好品德教育的丰富而深刻的论述，值得广大父母和家庭教育工作者认真学习。

一、少年儿童成长最需要品德教育

习近平总书记关于家庭品德教育的论述是有逻辑性的，首先是从孩子成长的需求谈起，认为孩子的成长最需要品德教育。2014 年 5 月 30 日，习近平总书记在北京市海淀区民族小学主持召开座谈会时谈道：“少年儿童正在形成世界观、人生观、价值观的过程中，需要得到帮助。”这个帮助的主要内容就是做人的教育，就是“扣好人生的第一粒扣子”。习近平总书记甚至现身说法，在 2016 年 12 月 12 日会见第一届全国文明家庭代表时，回忆自己小时候看妈妈给他买的小人书《岳飞传》，有十几本，

---

* 孙云晓，中国家庭教育学会副会长、首席专家团队成员，中国青少年研究中心研究员，教育部家庭教育指导专委会副主任委员，首都师范大学特聘教授。

其中一本就是讲“岳母刺字”，精忠报国在他的脑海里留下深刻印象。他由此提出：“作为父母和家长，应该把美好的道德观念从小就传递给孩子，引导他们有做人的气节和骨气，帮助他们形成美好心灵，促使他们健康成长，长大后成为对国家和人民有用的人。”

许多学者和科学家的研究都证明了道德对人发展的意义和价值。著名物理学家爱因斯坦在回答《纽约时报》记者提问时也曾说过：“用专业知识教育人是不够的，通过专业教育他可以成为一个有用的机器，但是不能够成为一个和谐发展的人，要使学生对价值有所理解，并且产生热烈的感情，那是最基本的。他必须获得对于美和道德上的善，有鲜明的辨别力。否则他连同他的专业知识，就像一只受过很好训练的狗，而不是一个和谐发展的人。”实际上，我们眼下的生活一再证明，忽视品德教育，一味追求知识和分数，是造成诸多成长悲剧的重要原因。笔者在中国青少年研究中心工作期间，曾经做过“全国杰出青年的童年与教育”这一课题，并把这些杰出青年的童年与一批青年死刑犯的童年做对比研究。结果发现，这两个群体的最大差异就体现在思想品德方面，不同的人生观与价值观导致他们的人生之路迥然不同。可以说，习近平总书记强调家庭品德教育，从根本上为家庭教育指明了方向。

在《习近平关于注重家庭家教家风建设论述摘编》一书中，习近平总书记谈家庭品德教育并非只是讲原则与方向，而是非常具体细致，从少年儿童认知特点和发展的实际出发。

2014 年，习近平总书记在北京市海淀区民族小学主持召开座谈会指出，少年儿童如何培育和践行社会主义核心价值观呢？应该同成年人不一样，要适应少年儿童的年龄和特点。主要是要做到记住要求、心有榜样、从小做起、接受帮助。习近平总书记还强调道："每个人的生活都是由一件件小事组成的，养小德才能成大德。少年儿童不可能像大人那样为社会做很多事，但可以从小做起，每天都可以想一想，对祖国热爱吗？对集体热爱吗？学习努力吗？对同学们关心吗？对老师尊敬吗？在家孝敬父母吗？在社会上遵守社会公德吗？对好人好事有敬佩感吗？对坏人坏事有义愤感吗？这样多想一想，就会促使自己多做一做，日积月累，自己身上的好思想、好品德就会越来越多了。"他一连问了九个具体表现，是小学生能够理解的，并且是生活中经常遇到的问题，由此寄语少年儿童，并为教育工作者做出了榜样。

二、家庭教育最重要的是品德教育

毫无疑问，对于人的成长而言，家庭教育具有最长久也最深刻的影响，尤其是父母的榜样作用会直接影响孩子的思想品德。根据班杜拉的理论，人类的大多数行为都是通过榜样作用而习得的。我们常说"言传不如身教"，所谓身教，其实就是一种给予行为示范使少年儿童模仿该行为的过程。少年儿童通过观察生活中他们认为重要的人物的行为，然后模仿，进而习得社会行为。

中国青少年研究中心的研究发现，小学五年级时榜样影响力达到最高峰，初中二年级时偶像影响力达到最高峰。北京师范大学中国基础教育质量监测协同创新中心、北京师范大学儿童家庭教育研究中心共同发布的《全国家庭教育状况调查报告（2018）》也显示，父母居四年级、八年级学生最崇敬榜样的第一位，但是当发现父母的不良行为较多时，八年级学生将父母视为偶像和榜样的比例显著下降。换句话说，父母为孩子做好榜样时，家庭教育就有良好的效果；父母为孩子做坏榜样时，家庭教育就有糟糕的效果。所以，为孩子做好榜样是父母做好家庭教育的第一原则，也是最直接有效的方法。

习近平总书记对于品德教育有一个总体的方向要求——既尊重少年儿童的成长特点和需要，也重视家庭教育、学校教育和社会教育的综合影响。2014 年，习近平总书记在北京市海淀区民族小学主持召开座谈会时指出：“让社会主义核心价值观在少年儿童中培育起来，家庭、学校、少先队组织和全社会都有责任。”2018 年，在同全国妇联新一届领导班子成员集体谈话时，习近平总书记特别要求妇联要围绕培养担当民族复兴大任的时代新人的战略任务，“在家庭工作中找准立德树人的切入点，帮助孩子扣好人生的第一粒扣子”。

习近平总书记一向重视家庭建设，倡导相亲相爱和向上向善的家庭关系，这完全符合家庭建设的基本原则。家庭的本质是家庭关系，全国妇联坚持多年开展寻找“最美家庭”等活动，就是为了推进家庭建设而进行的卓有成效的行动。

可以说，习近平总书记系统地提出了家校社协同育人的宏伟构想和战略任务，之所以如此高度重视，因为这是治国理政的重要基点，而这一点需要党政系统的工作者和家庭教育工作者深刻领会。

三、品德教育需要引导少年儿童在生活实践中养成良好习惯

良好品德的养成是有规律的，需要以科学的方法引领，尤其要注重生活实践。如南京师范大学德育专家鲁洁教授所说，道德是一种生成性的实践智慧，这种生成性的道德智慧和数学、物理等一般命题性的知识不同，不能仅通过知识的传授而获得，而有赖于个人成熟的生活经验、生活实践。道德教育要培养生成性的

人，要形成人的道德智慧，就必须在丰富人的生活经验、生活实践上下功夫。

阅读《习近平关于注重家庭家教家风建设论述摘编》一书，尤其是“家庭教育最重要的是品德教育”部分，我们会发现习近平总书记是从勤俭节约入手谈品德教育的，同时强调了劳动教育的重要性以及勤俭节约与劳动教育的密切关系。

习近平总书记在第十八届中央纪律检查委员会第二次全体会议上说：“要大力弘扬中华民族勤俭节约的优秀传统，大力宣传节约光荣、浪费可耻的思想观念，努力使厉行节约、反对浪费在全社会蔚然成风。”在 2013 年 12 月 23 日召开的中央农村工作会议上，习近平总书记明确要求：“节约粮食要从娃娃抓起。”并再一次用自己小时候在这方面接受的严格家教的事例现身说法，还引用了家喻户晓的古诗《悯农》来说明。实际上，这首诗说明了节约与劳动的关系。从现代的观念来说，节约体现一种尊重的价值观——既尊重他人的劳动又尊重资源，这是值得广为倡导与践行的美德。

习近平总书记一直倡导劳动教育，因为只有培养出一代又一代热爱劳动、勤于劳动、善于劳动的高素质劳动者，才能担当民族复兴大任。毫无疑问，这是具有战略意义的人才培养的原则与方向。值得引起高度重视的是，目前由于升学竞争等压力，许多家庭将知识教育和提高学业成绩作为核心目标，严重忽视劳动教育，导致少年儿童生活能力较低。这已成为家庭教育普遍存在的误区。

我们需要认识到，家庭教育是一种生活教育，而劳动教育是生活教育不可或缺的基本内容之一。如著名教育家陶行知所说，好的生活就是好的教育，坏的生活就是坏的教育。给孩子什么样的生活，就是给孩子什么样的教育。人们防控新冠疫情的经历就是一个很好的例子。许多人在疫情期间变身为家中的“大厨”，那些擅长厨艺的人，从某些方面来说，疫情给他们带来的影响会少一些，而对不擅长厨艺的人来说，生活便变得有些艰难。《扬子晚报》头版曾刊登题为《8 岁童厨做“扬州炒饭”火了》的新闻报道，用一整个版面介绍了江苏扬州市梅岭小学二年级学生缪苇杭学做饭的事迹和评论，赞叹在疫情的超长假期里，他学会了 30 多道菜肴的做法。相较于现代大部分“四体不勤，五谷不分”的孩子，缪苇杭这位 8 岁“大厨”的出现，可以说是一次家庭生活教育的成功尝试。从家庭生活来看，学会做饭等于掌握了生活的核心能力之一，对少年儿童的学习和家庭生活及社交能力都具有促进作用，将使其终身受益；从家庭生活教育的内容来看，做饭绝对是生活的基本功之一。虽然有些学校也教授学生学习做饭，但需要明确的是：对于学习做饭这件事来讲，最佳场所一定是家庭，而父母则是最好的教练。当然，除了做饭，家务劳动、校园劳动、社会服务劳动等也是少年儿童劳动教育所包含的内容，其核心都是学会独立和服务他人、学会适应和创造美好生活。

教育家认为，家庭是习惯的学校，父母是习惯的老师。儿童教育往简单里说就是培养好习惯。以劳动教育为例来看整个品德教育，我们会发现，养成习惯是极为重要的目标与原则，因为习惯是稳定的、自动化的行为，只有养成习惯才能够说教育取得了真正的成功。笔者曾连续十年主持全国教育科学“十五”和“十一五”规划课题，专门进行少年儿童行为习惯与人格关系的研究。研究发现，习惯养成的规律是由被动到主动再到自动的过程。因此，需要把握激发动机、明确规范、榜样教育、持久训练、及时评估、形成环境六个关键环节，引导少年儿童向上向善并且持之以恒。正如习近平总书记所说，少年儿童的品德教育要

“养小德才能成大德”，也就是说，不要求少年儿童做力所不及的事情，但要鼓励和引导他们从身边的小事情做起，坚持，坚持，再坚持。这种坚持最见精神，也最有可能养成习惯。北京第二实验小学对坚持数年做好小事的学生给予表彰，就是一种引导养成好习惯的有效方法。

总而言之，立德树人是家校社协同育人的第一原则。少年儿童成长的最大需求就是品德教育，家庭教育最重要的也是品德教育。少年儿童的品德教育是一门科学，要从少年儿童的实际出发，要遵循品德在生活实践中生成的规律，要进行适合少年儿童的社会主义核心价值观的引领，要将习惯养成作为检验教育成败得失的重要标准，这些都是学习贯彻落实习近平总书记“家庭教育最重要的是品德教育”论述的初步探索。

以领导干部良好家风助推党风廉政建设

童建明*

党的十八大以来，习近平总书记围绕注重家庭家教家风建设发表了一系列重要论述，对于领导干部带头经营好家庭、涵养好家教、培育好家风具有十分重要的意义。《孟子》云："天下之本在国，国之本在家。"领导干部的家风不仅是自身家庭的事，更与党风、政风紧密联系在一起。新时代领导干部应当深入研读思考《习近平关于注重家庭家教家风建设论述摘编》，体会其深邃意蕴，把握其具体要求，并以此为根本遵循，自觉建设良好纯正家风，既正身律己、率先垂范，又严以治家、清风传家，守正笃实，久久为功，为进一步推进新发展阶段的党风廉政建设和反腐败工作提供强大的精神动力。

一、坚持领导干部家风建设是党风廉政建设的重要方面

习近平总书记曾对领导干部的家风和其自身作风、党风建设之间的关系进行深刻阐述："领导干部的家风，不仅关系自己的家庭，而且关系党风政风。"一方面，领导干部健康的家庭生活，可以使领导干部自身滋养身心，激励领导干部专心致志工作；另一方面，领导干部的思想境界和一言一行也影响着家庭其他成

* 童建明，最高人民检察院党组副书记、分管日常工作的副检察长（正部长级）。

员，在很大程度上决定着其家风家貌。领导干部是否廉洁奉公、党风廉政建设是否有成效，群众往往可以从领导干部的亲属和其身边的工作人员的作风中来判断。可以说，领导干部的家风建设与党风廉政建设紧密相连。

社会是一个复杂的系统，家庭是社会的组成要素。家庭本身也有自己的子系统，长期共同生活的各个家庭成员就是家庭的基本要素。就像在一个社会中会形成社会风气一样，一个家庭中，家庭成员长期共同生活、相互联系，价值观念彼此影响、趋同，形成家庭特有的文化基因和氛围风气，并且一代接一代地传承、延续下去，这就是家风。社会风气在大环境下制约着家风，家风又从微观上影响着社会风气。社会的健康发展需要建立和睦的家庭内部的关系以及和谐的家庭与社会之间的关系。领导干部的家庭是社会中活跃的组成要素。广大群众对党风廉政建设的评价，既看领导干部的工作“八小时”内，也看领导干部的工作“八小时”外，因为家庭风气在某种程度上外化为领导干部的工作作风，也内化为领导干部个人的生活作风。清代文学家刘蓉在《习惯说》中云：“一室之不治，何以天下家国为？”可见家风建设对于党风廉政建设影响重大、意义深远。

二、加强领导干部家风建设是党风廉政建设的有效途径和重要抓手

我们中华民族从古至今都特别重视亲情、家庭。注重家风文化是中华传统文化的一大特色，历史上许多戒贪戒奢的家训、家规、家教、家风，都是中华民族的精神遗产。重视家风建设也是我们党的宝贵革命传统。新中国成立初期，毛泽东就在如何对待亲情上定下三条原则：恋亲不为亲徇私，念旧不为旧谋利，济亲

不以公济私。习近平总书记在2016年会见第一届全国文明家庭代表时说："毛泽东、周恩来、朱德同志等老一辈革命家都高度重视家风。我看了很多革命烈士留给子女的遗言，谆谆嘱托，殷殷希望，十分感人。"如果领导干部能够汲取传统家庭道德的精髓，发扬我们党家风建设的优良作风，用良好家风教育引导家人，正确认识、对待领导干部职务带来的社会地位和影响，切实防范滋生谋私、腐败等问题，就能为党风廉政建设筑牢扎实的根基。

领导干部的家风，不是个人小事、家庭私事，而是领导干部作风的重要表现。一名党员领导干部的家风往往能够反映其自身的党性修养，是检验自身作风是否过硬的"试金石"。古人云"修身齐家治国平天下"，只有先做到修身、齐家，才能治国、平天下。《中国共产党廉洁自律准则》将"廉洁齐家"作为规范党员领导干部廉洁自律的重要内容之一，说明领导干部的家风建设与个人的党性修养有着密切的联系。抓好家风建设，是领导干部始终保持党员的先进性和纯洁性，不断自我净化、自我完善、自我革新、自我提高的应有之义。

领导干部的家风，关系到党风政风、民风社风。党员领导干部是党的路线方针政策的具体执行者，其家风往往直接关系着领导干部在群众心目中的形象，是反映党风和社会风气的"窗口"。从某种意义上说，党员领导干部的家风是党内政治生活状况在家庭中的直观反映。家风正，则党风清，社风淳；家风不正，则腐败滋生，风气败坏。如果领导干部能带头践行社会主义核心价值观，始终保持共产党人的高尚品格和廉洁操守，在家庭成员之间传承良好家风，并通过家庭之间的互动、影响，向全社会辐射、传递廉政正能量，就能为党风廉政建设营造良好社会氛围。

三、把领导干部家风建设作为党风廉政建设的生动实践

我们党在推进党风廉政建设工作中对家风建设提出了一系列明确具体的要求。《关于新形势下党内政治生活的若干准则》规定，领导干部特别是高级干部必须重视家庭、家教、家风建设，教育管理好亲属和身边工作人员。习近平总书记在《确保党始终成为中国特色社会主义事业的坚强领导核心》中强调："各级领导干部特别是高级干部要自觉遵守廉政准则，既严于律己，又加强对亲属和身边工作人员的教育和约束，决不允许以权谋私，决不允许搞特权。"习近平总书记在《深化军委和全军作风建设》中强调："要教育家属、子女不搞特殊化，不打着我们的旗号收受好处，乱说话，乱办事。"习近平总书记关于领导干部家风建设的重要论述，是家风建设在新时代的思想引领，为新时代党员领导干部加强家风建设指明了行动方向。

第一，从百年党史中传承优良传统，继承和弘扬革命前辈的红色家风。廉洁自律、一心奉公是中国共产党自成立以来一以贯之的优良传统。在长期的革命、建设、改革实践中，无数党员干部用自己的行动传承、践行这一理念，以过硬的个人作风塑造优良家风，从而带动了社会风气持续向好。我们在党史学习教育中，充分挖掘红色家风资源，积极向革命前辈学习，做好红色家风的坚守者、传承者和弘扬者。一些地方在党史学习教育过程中，开展了一系列学习革命前辈优良家风的活动，如与"不忘初心、牢记使命"主题教育相结合，开展"不忘初心、弘扬优良家风"主题党日活动；组织老一辈革命家家风故事分享会、家书分享会，从感人至深的故事、书信中体悟老一辈无产阶级革命家修身齐家、以身作则、无私奉献的情怀和担当等。广大党员干部从革命前辈优良家风中汲取智慧和力量，必将推动红色家风在新时

代绽放新的光芒。

第二，修身律己，做家风建设的表率。北宋诗人赵湘在《本文》中说："将教天下，必定其家，必正其身。"党员领导干部建设良好的家风，必须从自身做起，既严格遵守党纪国法，又培养高尚的道德情操。要坚定理想信念，学习践行马克思主义理论，特别是马克思主义中国化的最新成果——习近平新时代中国特色社会主义思想，不断补精神之钙、固思想之元、培为政之本，从先进科学的理论中寻求正确处理亲情、家庭关系的力量，确保心守中正、依法治家。要加强党性修养，牢记入党初心使命，自觉为党分忧、为国解难，自觉为了党和人民的事业担当作为，以一名共产党员的理想信念影响家人。要公私分明，严把处事之度，对党忠诚老实，明白手中的权力是党和人民赋予的，只能用来为党和人民服务，不能成为个人和家庭的"私器"，决不能损害国家和群众利益。党员领导干部无论在外职位多高、权力多大，在家中都只是普通一员，必须摆正位置，自觉接受家人的监督，与家庭成员共同维护家规，塑造良好家风。

第三，过好亲情关，严格教育、管理、监督亲属子女和身边工作人员。习近平总书记在2017年省部级主要领导干部学习贯彻党的十八届六中全会精神专题研讨班上强调："领导干部严格自律，要注重自觉同特权思想和特权现象作斗争，从自己做起，从身边人管起，从最近身的地方构筑起预防和抵制特权的防护网。"如何过好亲情关特别是家属子女关，是每一名领导干部的必答题。要从管好身边人做起，做到对爱人相亲相敬而不宠不惯，对子女管教疼爱而不娇不纵，对亲戚公道善待而不拉帮结派，打造拒腐防变、清正廉洁的家庭阵地。要落实好在家庭中的"一岗双责"，认识到自己既是家庭的一员，也是家庭廉洁的监督者，注重家教，传承、制定好家规家训，经常对家庭成员进行法纪教育、道德教育，对家庭成员利用自己的地位、职务影响而产生的违纪违法、谋取私利的苗头，要坚决制止、纠正，将风险隐患消灭在萌芽状态，保证家庭风清气正。

第四，树立新时代家风，培育朴素、向上的家庭文化。我国经济已进入高质量发展阶段，物质生活得到很大满足，人民群众对民主、法治、公平、正义、安全、环境等有了更新、更高的要求。党员领导干部要注重防范享乐主义、奢靡之风的抬头，引领家庭成员以朴素、向上的生活为追求，彻底摒弃陈旧落后的“官本位”思想。要引导亲属子女、身边工作人员树立正确的权力观，在任何时候都不能“要特殊”“搞特权”。要持续加强家庭道德建设，培养家庭成员高尚道德情操和健康生活情趣，在简单朴素的生活中体会美好，推动形成遵纪守法、崇德尚廉、文明进步的良好家庭氛围。要教育家庭成员保持艰苦奋斗、积极向上的人生态度。如同苏轼所说：“忠厚传家久，诗书继世长。”要切实将精力用在读书学习、干事创业上，杜绝依靠、攀附等堕落思想，在新时代高质量发展的新征程中，为全社会做好家庭、家教、家风建设的表率。

构筑社会主义家庭文明新风尚
提升家庭幸福感和社会贡献率

叶文振 *

《习近平关于注重家庭家教家风建设论述摘编》的第七部分集中呈现了习近平总书记关于注重家庭文明建设的重要思想。这既是中华民族传统家庭美德在新时代实践中的重大收获，更是马克思主义家庭观中国化的最新理论成果。认真学习和掌握习近平总书记关于注重家庭文明建设的重要论述，对于正确理解社会主义家庭文明新风尚的内涵，全面领会倡导社会主义家庭文明新风尚的意义，以及深入认知推动形成社会主义家庭文明新风尚的路径，都具有重大的理论引领和实践指导的时代价值。

一、理解社会主义家庭文明新风尚的内涵

2016 年 12 月 12 日，习近平总书记在会见第一届全国文明家庭代表时提出要“推动形成爱国爱家、相亲相爱、向上向善、共建共享的社会主义家庭文明新风尚”，既明确阐明了社会主义家庭文明新风尚的核心内容，又围绕家庭建设从人类文明、社会主义和新风尚三个角度帮助我们加深了对此核心内容的理解。

习近平总书记提出的“社会主义家庭文明新风尚”这一科学概念的核心内容包含三点：一是从爱人、爱家和爱国三个层面体

* 叶文振，中国妇女研究会副会长，厦门大学教授、博导。

现出来的情感风尚，二是奋发向上、崇德向善的精神风尚，三是人人有责、一起参与、共建共享的体制风尚。其中，情感风尚是新时代家庭文明的基石，家庭文明的建设意味着要使新时代家庭越来越充满家庭成员之间的相亲相爱、对家庭的挚爱和对国家的热爱。从这个意义上来理解，家庭文明建设的核心就是爱的意识和能力的建设。精神风尚是新时代家庭文明的方向。向上意味着进取，向善意味着崇德。这些年评选出来的“文明家庭”“最美家庭”和“五好家庭”都代表着新时代家庭文明的价值取向和发展方向，并转化为推动更广泛的家庭文明建设的强大精神力量。体制风尚是新时代家庭文明的路径，共建共享是一种建立在家庭成员没有等级之分、权势之别的新型地位关系之上的家庭建设机制。民主、平等与彼此尊重是家庭运行的基本遵循，每一个家庭成员都拥有一样的责任和机会参与家庭事务、作出应有贡献和分享家庭发展的成果。当然，共建共享还体现为家庭和社会的开放合作、彼此之间的双向互动和利益互惠，即家庭友好型社会的构建和对“家国同构”的爱国精神的发扬光大。

人类文明是使人类脱离野蛮状态的所有社会行为和自然行为构成的聚合，它涵盖了人与人、人与社会、人与自然之间的互动关系，体现了人类在物质、精神和制度方面的发明创造。在学术界普遍承认的十二个古文明中，华夏文明是唯一完整延续至今的原生文明。作为华夏文明重要组成部分的中华民族家庭文明，拥有十分厚重的通过物质、精神和制度形式展现出来的建设与发展成果。如血脉亲情、家乡意识、家国情怀等都是中华民族家庭文明的独特构成和对世界家庭文明的民族贡献。习近平总书记把“爱国爱家、相亲相爱”纳入社会主义家庭文明新风尚，使新风尚在和历史的连接中，体现出历史的积淀与民族的积累。同时，又在汇聚中华民族在家庭文明领域发明创造的丰硕成果的基础上，融入新的理解与建构，把国家繁荣发展与家庭幸福美满联系在一起，对“在家尽孝、为国尽忠”的中华民族优良传统进行了新的诠释与发展。

对家庭文明进行社会发展阶段划分，强调家庭文明的社会属性，是一种家庭文明的马克思主义唯物史观。显然，“爱国爱家、向上向善”突出体现了社会主义家庭文明新风尚的社会制度根源是社会主义，是对封建主义家庭文化和资本主义家庭文化的双重超越。所以我们要抛弃以代际等级森严、性别地位悬殊、缺乏民主平等为代表的封建主义家庭文化糟粕，还要警惕极端个人主义、消费主义、亲情利益化、家庭暴力化等来自西方资本主义世界的错误思潮和意识倾向对家庭文明的侵蚀，在社会主义家庭文明新风尚中充分彰显体现社会主义制度优越性的先进理念和核心价值观。

社会主义家庭文明新风尚还具有鲜明的时代属性。站在新时代的时间维度来看，“爱国爱家”“共建共享”等都体现了新时代对家庭建设的价值取向、理论认知和实践期待。中国举全国之力在疫情期间对人民生命安全的关爱和防护、对九千多万农村贫困人口精准扶贫脱贫、对家庭建设与发展建立完善的法律保障体系，以及为把家庭建设纳入《中华人民共和国国民经济和社会发展第十四个五年规划和2035年远景目标纲要》进行统筹部署与实施，都让中国人民在新时代感受到更多的家庭获得感和幸福感，更深刻地体会到社会主义中国的制度优越性及其对家庭的巨大红利，进而又激发人民用爱凝聚力量确保各自家庭的正常运行，减少国家的政策负担，甚至还在需要的时候牺牲小家的利益去顾全国家的大局，主动融合家庭情感与爱国情感为一体，自觉地把家庭利益和国家利益统一起来，从孝亲敬老、兴家乐业的义务转向济世救民、匡扶天下的担当，从家庭幸福的共建共享转向基层社会治理红利的共建共享。家国同构的民族情怀已经升华为家国互惠、爱国当先，甚至为国舍家的新时代家庭文明风尚。

二、领会社会主义家庭文明新风尚的意义

“社会主义家庭文明新风尚”这一科学概念不仅具有极高的思想价值，而且对家庭文明建设具有重大的理论贡献。它不仅丰富了马克思主义家庭观中国化的理论成果，而且还为世界家庭文明在当代的健康发展提供了值得仿效的中国经验。

第一，社会主义家庭文明新风尚的育人意义。在《习近平关于注重家庭家教家风建设论述摘编》关于“社会主义家庭文明新风尚”的 21 段论述中，共有 7 段阐述了新风尚的育人意义。习近平总书记的论述告诉我们，新时代对家庭的教育功能有着更高的期待和要求。家庭和学校、政府、社会要共担责任，在家庭教育、学校教育和社会教育之间形成育人全链条。充分发挥新时代家庭的育人功能离不开社会主义家庭文明新风尚的形成和支撑。从这个意义上理解，社会主义家庭文明新风尚也是我国各类家庭教育政策有效实施的情感基础、精神力量和机制保障。

第二，社会主义家庭文明新风尚的价值意义。随着改革开放逐步深化，传统文化、现代意识和后现代思潮的碰撞都在家庭制度和文化当中表现出来。如何引领家庭文明的健康发展并使其外化为对社会文明进步的服务，已经成为新时代与价值取向变革和思想道德提升密切相关的时代话题。习近平总书记提出和倡导的“社会主义家庭文明新风尚”科学地解答了这个时代话题，对新时代家庭价值体系的确立、社会主义核心价值观的践行，以及对新时代思想道德升华的家庭贡献，都有着深刻的理论启迪作用和实践引领作用。社会主义家庭文明新风尚是在社会主义核心价

值观的统领下，一方面，要弘扬中华民族传统家庭美德；另一方面，要把社会主义核心价值观融入家庭生活，转化为新时代家庭文明的内涵和标杆，从而形成家庭文明新风尚和传统家庭美德、社会主义核心价值观之间的高度融合和积极互动，保持个人精神、家庭精神和国家精神的高度统一，保持个人价值追求、家庭价值追求和国家价值追求的高度一致。

第三，社会主义家庭文明新风尚的治理意义。和世界其他国家的家庭文明一样，我国家庭文明也面临着随着国家发展尤其是改革开放以来陆续凸显出来的许多挑战，例如，亲情利益化，反哺意识与参与意识淡化，结婚生育热情走低，婚姻稳定性下降，家庭民主平等关系格局不够牢固，家庭追求与国家追求在一定程度上脱节，等等。这些挑战不仅增加国家在宏观公共政策投入和基层社会治理方面的压力，而且还在一定程度上影响家庭对基层社会治理的外部参与和作用发挥。习近平总书记关于家庭文明建设的论述就十分明确地阐述了倡导社会主义家庭文明新风尚对家庭内部治理效能和家庭外部治理参与的思想逻辑和实践意义。习近平总书记在 2018 年同全国妇联新一届领导班子成员集体谈话时强调，社会要帮助妇女“做对社会有责任、对家庭有贡献的新时代女性”，引导男性“要同妻子分担养老育幼等家庭责任，共担家务劳动”。在乡村家庭文明建设上，习近平总书记重视优良家风在推进乡村社会文明建设中的重要地位，在 2017 年的中央农村工作会议上强调，要“培育文明乡风、良好家风、淳朴民风，不断提高乡村社会文明程度”。另外，《中华人民共和国国民经济和社会发展第十四个五年规划和 2035 年远景目标纲要》把“加强婚姻家庭辅导服务”“构建覆盖城乡的家庭教育指导服务体系”“发挥家庭家教家风在基层社会治理中的作用”等都纳入了家庭建设的重要内容当中，对家庭的婚姻关系和代际关系的协同治理、城乡家庭发展特别是家庭教育指导服务全覆盖的统筹规划和均衡配套，以及对家庭家教家风建设与基层社会治理之间的双向作用予以协调和推动。可以说，社会主义家庭文明新风尚的提出，为新时代家庭内部治理明确了主要内容和基本遵循，为新时代家庭对基层社会治理的外部参与明确了时代责任和作用领域，为新时代家庭和基层社会之间的合作治理和互惠叠加注入了思想动力和实践方略。

第四，社会主义家庭文明新风尚的文化意义。习近平总书记在2016年哲学社会科学工作座谈会上指出："我们说要坚定中国特色社会主义道路自信、理论自信、制度自信，说到底是要坚定文化自信。文化自信是更基本、更深沉、更持久的力量。"从习近平总书记提出的"社会主义家庭文明新风尚"这一科学论述中，我们感受到并提升了这种文化自信。社会主义家庭文明新风尚源于中华民族传统家庭美德的积淀与传承。几千年来中华民族的家庭意识和家庭发展及其对中华民族生生不息的重大贡献，充分证明了这种家庭文明的优越性和生命力。社会主义家庭文明新风尚还来自新中国从站起来到富起来再到强起来的中国特色社会主义建设与发展的巨大成就。这包括家庭建设与发展成果在内的巨大成就，也有力地证实了以社会主义制度和文化作为基础性支撑的中国家庭文明的先进性和内发力。社会主义家庭文明新风尚更产生于党的十八大以来习近平总书记关于注重家庭家教家风建设重要论述及其对家庭建设重大实践的洗礼和升华，它是马克思主义家庭观中国化的最新理论成果，是建党百年来中国共产党领导和推动家庭事业发展的重大思想收获，是在由人类命运共同体塑造的世界舞台下对中国家庭文明油然而生的重要文化自信。所有这些又进一步强化了我们对社会主义家庭文明新风尚的向往和期待，以及对推动形成社会主义家庭文明新风尚的信心和自觉。

三、形成社会主义家庭文明新风尚的路径

作为习近平新时代中国特色社会主义思想的一个组成部分，习近平总书记关于社会主义家庭文明新风尚的论述呈现出知行合一、务实实干的理论风格，给我们很具体地指明了推动形成社会主义家庭文明新风尚的路径。

第一，各级党委和政府要充分认识家庭文明建设的重要性，负起领导责任，切实把家庭文明建设摆上议事日程。中国共产党有着关心人民家庭幸福、推进家庭文明建设的优良传统。在建党百年的辉煌历史中，中国共产党为中国家庭文明的传承与升华留下许多闪光的节点和伟大的作为。特别是进入新时代以来，第一届全国文明家庭评选表彰活动的开展、《习近平关于注重家庭家教家风建设论述摘编》的推出、2021 年 4 月 8 日中宣部和中央文明办以及全国妇联推进家庭家教家风建设座谈会的召开，还有在《中华人民共和国国民经济和社会发展第十四个五年规划和 2035 年远景目标纲要》中"加强家庭建设"一节的设立，以及对推动形成社会主义家庭文明新风尚进行的政策布局，都充分说明了各级党委和政府已经负起领导责任，并在理论学习和宣传、思想认识提升和政策设计转化、全社会动员和各种活动展开等方面都显示出与以往不一样的理论高度、政策力度和社会广度。显然，各级党委和政府思想上重视、理论上提升，把家庭文明建设纳入党和政府的中心工作，甚至作为一个重要评价指标来检测中心工作的质量和成效，已成为构筑社会主义家庭文明新风尚的首要途径。

另外，领导干部的带头参与和以身示范也非常重要。带头弘扬中华民族传统家庭美德，带头践行社会主义核心价值观，注重家庭、家教和家风建设，以实际行动在个人家庭空间和社区社会

范围推动形成社会主义家庭文明新风尚，这些不仅要成为领导干部的政治责任和公共职责，还要融入职务提拔、先进表彰和述职评估的条件和标准之中。

第二，精神文明建设工作部门要发挥统筹、协调、指导、督促作用，动员社会各界广泛参与。精神文明建设工作部门除了开展文明家庭评选表彰活动以外，还要拓展部门功能，构建系统化、立体化、常态化和基层化的工作格局，要制定推动形成社会主义家庭文明新风尚的五年规划和年度工作方案，要建立在城乡设点的调查研究机制，为部门工作提供专项统计数据和研究成果的支持，还要通过一定机制和程序的建立来评估指导和督促的效果，强化指导和督促的作用。

第三，工会、共青团、妇联等群众团体要结合自身特点，积极组织开展家庭文明建设活动。在这方面，各级妇联做了大量工作，特别是及时设立主管家庭、儿童工作的专门部门，全力推动家庭教育立法，强化中国婚姻家庭研究会和家庭教育研究会的调研和智力支持，不仅提高工作层次，转向更多的制度建设和组织建构，而且抓住关键领域，注重工作的时效性和针对性，所有这些经验都值得借鉴和推广。另外，还要重视社科联、文联、科协等更多群众团体的作用发挥，重视在推动形成社会主义家庭文明新风尚中群众团体之间优势互补的合作，放大共谋联动的工作效果。

第四，既要结合党和政府的中心工作，也要深入城乡基层，在和民生工程建设的并行中、在各个家庭生活空间层面，细化社会主义家庭文明新风尚的形成工作。实际上，每一个家庭都是弘扬中华民族传统家庭美德、培育和践行社会主义核心价值观、推进形成社会主义家庭文明新风尚的主战场和前沿地带。家庭成员，特别是父母，更是推进形成社会主义家庭文明新风尚的主体力量，有着不可推卸的主体责任。要通过一定的工作机制激励、社会环境影响、外部力量支持，强化父母和其他家庭成员共建共享的责任意识和实践能力，把推动形成社会主义家庭文明新风尚变成全社会都重视、所有家庭都参与的新时代社会治理和家庭发展的一种新风尚。

家风传统的弘扬与当代家庭的重塑

蒙　曼*

摘　要：中国传统文化具有重视家庭价值的特性，也因此形成了悠久的家教传统和优良的家风，传承有序的家教、家风对中华民族的整体塑造起到了重要作用。当代中国社会环境、社会观念和家庭结构、家庭规模、家庭关系都发生了重大变化，通过重视理论建设、制度建设和人才培养，以及筑牢德育本色、重塑健康家庭等方式弘扬悠久的家教传统，探索出一种既观照文化传统，又富于现代精神，解决中国当代家庭问题、丰富中国当代家庭价值的家教理论至关重要；塑造与个人、社会、国家良性互动的当代家庭也具有重要的研究价值。

关键词：家风传统；家庭价值；当代家庭；家庭建设；家庭重塑

中国拥有非常悠久的家教传统，形成了许多优良的家风，传承有序的家教、家风对中华民族的整体塑造起到了重要作用。当代中国社会环境、社会观念和家庭结构、家庭规模、家庭关系都发生了重大变化。家庭是社会的基本细胞，对人生成长、人心维系具有重大作用。如何弘扬悠久的家风传统，塑造与个人、社会、国家良性互动的当代家庭，具有重要的研究价值。

* 蒙曼，中央民族大学历史文化学院教授，全国妇联兼职副主席。

一、中国传统的家庭与家风

（一）家庭对中国社会的意义

重视家庭是中国重要的文化传统。《周易 · 序卦》中说："有天地然后有万物，有万物然后有男女，有男女然后有夫妇，有夫妇然后有父子，有父子然后有君臣，有君臣然后有上下，有上下然后礼义有所错。"[1] 作为个体的男女必须以家庭为单位结合起来，而由家庭关系体现出来的夫妇、父子关系会进一步成为社会的基础。《大学》在讲人生修养时，也建立起齐家、治国、平天下的序列[2]，把治理家庭当作一切社会治理的起点。

在中国古代，家庭不仅承担生产生活功能，也承担教育功能、伦理功能、社交功能、情感功能，是整个社会构建的基础。"修齐治平"的基本修养路径和家国同构的社会构造模式使得家庭被赋予重要的价值。"齐家"是人生修养施之于外界，形成教化的第一步；家庭是儒家教化的起步点和试验田，中国古代重视家庭教育就是在这个前提基础上展开的。

（二）中国的家教传统

中国古代有官学、私学，也有家学。家教既包含着家学的内容，又比家学更加广泛。通常来说，家学指家传的学问。比如西汉司马谈、司马迁父子家传史学，这样的家学以学问为基础，知识的指向性强，因此只能存在于知识家庭。而家教则不然，家教可以包括学问教育，但更重要的是伦理教育和生活教育。因此不仅仅是知识家庭可以施教，不识字的家庭也可以施教。比如我们熟悉的孟母断机、陶母截发等，这些都不包含知识教育的内容，而是广义的人生教育。中国社会处于不断变化之中，在不同的历史发展阶段，家教也展现出不同的特色。但总体来说，道德教育一直是中国古代家教的最核心内容。

（三）父母在古代家风建设中的作用

1. 父母在传统家庭中的定位

中国古代家庭有着比较严格的性别分工。总体来说，唐朝以前，人们更倾向于认可父亲的家教责任，而唐朝及以后，人们更多地承认甚至强化母亲的家教责任。宋以后小家庭兴起，家庭成员的单纯化使得父母双方都必须竭尽全力，在这种情况下，主内的母亲必须承担更多的责任。此外，唐宋以后，科举制的发展使得家庭教育变得更加重要，在这种情况下，母亲的督导职责变得繁重。那么，在传统的中国社会，父母双方在家教家风的建设中，各自承担怎样的功能呢？

2. 父训

父亲进行家教，其中第一种很重要的方式就是家训。这些训导流传下来，形成中国一以贯之的家教传统。借助历朝历代不绝如缕的家训，我们得以窥知中国古代伦理思想和行为准则是怎样在家族内部传承下去的。第二种方式是知识教化与风范传承。如东汉时期，北海甄宇以讲授《严氏春秋》著称，后来，甄宇传其业给儿子普，甄普又传其业给他的儿子承。此后的宋代三苏父子、元代的赵孟頫祖孙三代，都体现了父子之间知识与风范的传承。因为父亲在传统家庭中的强势存在，父亲的家教体现出浓厚的权威感，在这种情况下，即使父亲用一种相对慈爱的方式教育孩子，仍然能对孩子形成很大的震慑。

3. 母教

母教虽然长久存在，也有非常多的动人事例，但在比较漫长的时间里，母教的价值一直被低估。不过随着小家庭地位的上升，母亲在教育实践中发挥的作用逐渐增强，整个社会出现了对贤母的追求：孟母择邻、陶母退鱼、欧母画荻、岳母刺字成为古代母教的典范，四大贤母的形象也基本在南宋定型。同父训相比，来自母亲的家教具有如下特点：从身边事下功夫，注重习惯的培养；强调以身作则，以情动人。

明代《内训》云："导之以德义，养之以廉逊，率之以勤俭，临之以严恪，以立其身，以成其德。"[3] 这里强调了母教的四大功能：训导、教养、表率和监督。这四种教导是全方位的，又是细致入微的。母教和父训特点不同，但共同构成了中国古代的家教传统。

在中国古代，父训母教并重一直是值得珍视的传统。父亲的家教偏重于人生引导，母亲的家教偏重于规矩的养成。值得注意的是，随着小家庭地位的上升，母亲在教育实践中发挥的作用逐渐增强。而且，贤母的教育都不局限于小家庭的得失，而是体现出清晰的家国情怀，这与习近平总书记关于重视发挥妇女在家庭生活与社会生活中的独特作用这一要求完全吻合。因此，中国优秀的家风家教传统包括对家庭的高度重视，以及以德为先的家教理念和父训母教相互配合的家教实践。这些传统在今天仍然具有积极意义，值得深入思考并发扬光大。

二、中国当代家庭与家庭教育

（一）中国当代家庭的新变化

重视家庭是中国的传统，但是，在经历了巨大的社会变迁、经济结构发生根本改变后，当代家庭的构成形态、成员关系、社会定位都发生了深刻变化。

1. 小家庭的普遍化与儿童成为家庭核心

新中国成立后，有三大因素对中国家庭的影响至关重要：家族解体、男女平等基本国策的确立、改革开放以来的城镇化发展和计划生育政策。在这三个因素的综合作用下，“三口之家”式的小家庭逐渐成为家庭结构的主体，这对中国的家庭教育产生了重要影响。在传统的祖孙三代构成的家庭中，年长的祖父母拥有崇高的威望，孝道成为家庭价值的核心，祖父母的耳提面命是对父训母教的有力补充。而且，因为子女数量相对较多，孩子在兄弟姐妹的陪伴下成长，形成另一个重要的家庭价值——“悌道”，孝悌之道在家庭之内自然形成。但是，在父子两代构成的“三口之家”中，祖父母不再出现，兄弟姐妹缺失，在这种情况下，孩子自然成为家庭关注的核心。这在中国家庭史上是一个前所未有的变化。

2. 性别分工模糊化与平等家庭关系的构建

中国传统社会奉行男主外、女主内的性别分工。中华人民共和国成立后，党和政府积极推进男女平等，妇女与男子拥有平等的劳动就业、同工同酬的权利。广大妇女纷纷走出家门，女性就业人数和共和国的建设步伐共进。据美国劳工部网站发布的一项统计数据，2010 年，中国女性的劳动参与率高达 68%，在世界主要经济体中位列第一。这样庞大的妇女就业规模和较高的劳动参与率使得传统的性别分工逐渐模糊。虽然受传统观念的影响，妇女从事家务劳动的时间仍然远远高于男性（根据国家统计局发布的《2018 年全国时间利用调查公报》[4]，中国公民每天投入家务劳动的时间，女性为 126 分钟，男性为 45 分钟，女性比男性多 81 分钟）。但是，男女双方同时参与社会生活与家庭生活，已经成为全社会的共识。

在这样的家庭模式之下，传统中国夫尊妻卑的观念受到极大的挑战，传统家庭中权威—服从的尊卑关系被相对平等的关系所取代。家庭教育也由原来的父→母→子模式变为父 / 母→子模式。

3. 家庭与国家关系的新变化

传统中国家国同构，国家是家庭的扩大和延伸。在家国同构的格局下，家是小国，国是大家。如今，家庭作为社会的基本细胞继续存在，但是它已经不是国家的缩小版，而是男女两性通过婚姻关系缔结的、地位平等的社会生活单位；同样，国家仍然是千千万万家庭的集合，但是它也不再是家庭、家族的自然延伸，而是由领土、人民、文化和政府构成的社会群体。从这个意义上讲，国家对应的是个人，而不再是家庭。因此，如何构建新时代的家国关系也就成为一个新的课题。

（二）当代中国家庭教育的新变化

1. 社会变化对家庭教育的挑战

家庭结构的变化、家庭关系的变化以及社会流动对家庭的冲击，使得当代中国的家庭教育面临新的挑战。

首先，传统家庭结构相对复杂，足以构成一个小社会，让孩子在其中学习人生经验。例如，孩子通过与长辈之间的互动可以体悟到与师长、上级打交道的规矩，通过与同辈兄弟姐妹之间的互动体悟到与朋友、同学、同事交往的道理。身处于一个更为复杂的家庭环境，有助于孩子更好地实现自身定位。但是，今天的家庭结构过于单纯，孩子又是整个家庭的核心关注点，人生的养成教育很难通过家庭来自然实现。其次，传统的家庭教育定位非常明确，它就是一种人生教育，以养成君子（淑女）、延续家族为主要使命，以涵养道德和培养人才为主要内容。家庭因为文化积淀深厚，形成家学传统。但是，因为作为中国学问主体的儒家学说仍然是以“修齐治平”的伦理观照为主要追求，因此，家学和家教可以相得益彰。如今知识教育成为教育的主体内容，而且和道德教育形成了清晰的分别，这不仅意味着“学问”和“教养”的截然分开，还意味着家教也被拉入知识教育的“战车”上，家庭教育越来越知识化和功利化，人生教育则变得边缘而模糊。再次，在传统家庭中，因为鲜明的性别分工，男孩子模仿父亲成长，女孩子模仿母亲成长，父母在家教中的责任角色相对明确，而且由于承担着延续家族的重要责任，父亲在家庭建设中投注了空前的精力。但在今天，随着社会力量的增长、资讯的发达，孩子已经不完全是看着父母的背影生活。男孩子不必模仿父亲，女孩子也不必模仿母亲，传统的家教分工受到冲击。此外，由于整体社会不再把家族的延续作为重要追求，又因为受传统观念影响，男性在家庭经济方面压力更大，必须以更多精力投入工作的社会现实，因而父亲在家庭教育中的意义、地位和作用相对都在弱化。因此，我们才会看到这个时代普遍存在的家庭教育困扰——焦虑的母亲、“佛系”的父亲和定位不清晰的家教。最后，当代中国在社会发展和转型中还出现了一个特殊的问题——人口流动带来的家庭残缺，致使农村的家庭教育空前艰难。根据联合国儿童基金会发布的报告《2015 年中国儿童人口状况：事实与数据》[5]，中国留守儿童（指父母双方或一方流动，留在原籍不能与父母双方共同生活在一起的儿童）的数量有 6800 多万。这些留守儿童的家庭教育，对现阶段中国是一个崭新的课题。

2. 学校教育、社会教育对家庭教育的挑战

在今天，教育已经明确区分为家庭教育、学校教育和社会教育。家庭教育主要是人生教育，学校教育主要是知识教育，社会教育主要是审美和情趣教育。在三者之中，学校教育发展最为强势。据统计，1946 年我国高等学校在校学生 15 万人，中等学校在校学生 179.8 万人，小学在校学生 2285.8 万人。[6] 当时按全国 4.7 亿人口计算，平均每万人中仅有高等学校学生 3 人，中等学校学生 38 人，小学生 486 人。全国 80% 以上的青壮年是文盲，学龄儿童入学率通常在 20% 左右。而到了 2018 年，共有普通小学 16.18 万所，在校生 10339.25 万人，小学学龄儿童净入学率 99.95%。共有初中 5.20 万所，在校生 4652.59 万人。高中阶段共有学校 2.44 万所，其中普通高中共有学校 1.37 万所，在校生 2375.37 万人，全国中等职业教育共有学校 1.03 万所，在校生 1551.84 万人。全国共有普通高校 2663 所，各种形式的高等教育在学总规模 3833 万人，毛入学率 48.1%。[7] 从 1946 年到 2018 年，大、中、小三级学校的发展令人瞩目。

学校教育主体上是知识教育。随着教育改革的推进，上述庞大的数字加之高校的扩招，高等教育逐渐从精英教育变为大众教育，进入大学已经成为国民特别是城镇居民的普遍追求。在这种升学导向下，人们不断强化知识教育，从而导致了三个后果。第一，学校教育在整个教育体系中占据了绝对重要的地位；第二，知识教育成为学生教育的主导内容；第三，学习成绩成为对孩子进行评价的最重要标准，甚至成为唯一标准。在这种情况下，家庭教育也被裹挟，许多家庭把学校教育的内容延伸到家庭，形成在学校学习知识，回到家继续学习、巩固知识，导致很多孩子“两耳不闻窗外事”，四体不勤、五谷不分乃至六亲不认，对传统的家庭教育形成巨大冲击。

社会教育是以博物馆等为例，到 2018 年，中国已经拥有各类博物馆 5300 多家。[8] 博物馆、美术馆等社会教育机构主要负责对国民进行通识教育、审美教育、情趣教育，而这些教育在传统中国也主要由家族完成。值得一提的是，随着学校教育的强势发展和人们升学压力的增大，社会教育也呈现出向学校教育靠拢的态势，例如，近年来蓬勃发展的各类补习学校和为了各类艺术考试、特长考试等的艺术或者技艺培训。

随着社会的发展，对知识的要求不断提升，知识占有水平成为社会分层的主要指标。在这种情况下，以知识教育为主要内容的学校教育在各种教育形式中一枝独秀。随着知识教育的强势崛起，原本不以知识教育为主要取向的家庭教育和社会教育也向知识教育靠拢，其中受到学校教育与社会教育双重挤压的家庭教育面临着非常严峻的挑战。

3. 家庭教育的模糊化与功利化

在知识教育呈现压倒性优势的背景下，家庭教育体现出目标模糊化与内容功利化的双重倾向。在当代教育体制之下，知识教育本身并不具备道德属性，家庭教育向知识教育密切靠拢，只能消解家庭教育的特性，弱化家庭教育应该承担的人生教育和行为习惯教育功能，使得家庭教育培育君子（淑女）的目标变得极度模糊，成为学校教育的附庸，致使中国当代的家庭教育呈现出功利化的态势，而且和学校教育、社会教育同质化，未能有效凸显家庭教育的内涵。伴随这一问题的是所谓“精致的利己主义”的出现，整个社会的价值取向和社会风尚也受到一定影响。

（三）父母与新时代家风建设

当代中国的家教与家风，关注点虽然在下一代，但责任必须首先落在父母身上。事实上，因为社会形态和家庭形态的变化，当代中国父母的家庭角色和教育职责已经发生了巨大的改变。

1. 父母家庭角色的新变化

在传统家庭中，父亲是一家之主。在大多数家庭里，父亲是家庭经济的主要来源，他引导家庭的走向，是家庭成员共同认可的权威；母亲则是父亲的辅助者，负责家人的日常生活，督导子女的日常行为，她对子女的权威来自深厚的情感和孝道原则，当她教育子女时，往往还要借助父亲的权威。在当代中国，因为宪法等各项法律有关男女平等、夫妻家庭地位平等的规定，也因为大量妇女参与生产劳动的事实，夫妻同时拥有社会身份和家庭身份，父亲和母亲的地位基本平等。另外，因为大家族的解体、小家庭的盛行以及对个体的强调，父母都不再把家族延续作为自己的首要任务，这就导致了父母家庭角色的新变化。

第一，父亲作为绝对权威的地位下降，而且父亲对家庭日常生活的参与程度加深。但是，基于传统观念的影响和大多数父亲承担更多经济责任的现实，父亲对日常生活的关心不及母亲。第二，母亲在家庭中的地位上升，基本和父亲持平。基于传统，母亲对家庭生活的投入远多于父亲，对日常生活的决策能力较父亲更高。第三，因为宗族秩序的解体和小家庭的盛行，父母之上大多没有祖父母（外祖父母）的存在，他们不需要置身于两代人之间，扮演上承先祖、下启子孙的角色，无论是父亲还是母亲，都把培养下一代作为首要的家庭责任。第四，受西方教育理念的影响，父母更多地希望能够扮演孩子的陪伴者甚至是朋友的角色，而不再强调家庭绝对的权威。

因此，当代中国的父母都是家庭的主导者，尽管他们能够全权处理家庭事务，但他们的权威感其实都在下降，其中父亲权威感下降得更加明显。另外，父母之间虽然仍然存在着性别上的分工，但这种分工已经不涉及家庭权力。父母新的家庭角色毫无疑问影响着他们在家庭教育中的定位、教育内容和教育方法。

2. 父母新的教育内容与教育职责

在新的社会环境和家庭环境下，父母的教育职责也发生了新的变化。尽管大多数父母仍然通过言传身教对子女进行伦理道德教育、行为习惯教育和审美情趣教育，但是与传统时代相比，他们的教育职责也发生了巨大的变化。

第一，家庭教育的核心内容从强调家族传承转为强调个体发展。因为知识对于子女未来人生的影响巨大，父母对子女知识教育方面的投入明显增多。受家庭结构变化的影响，孝顺长辈在多数家庭中已经不体现在日常行为中，相反，与老师沟通、辅导作业成为众多父母的必修课。第二，教育的性别差异缩小。当代中国大部分父母同时参与社会劳动，更因为随着性别分工的淡化，对男生和女生的未来预期基本一致，教育内容和教育理念也趋于一致，因此，父母对子女的教育不再严格区分性别，父母同时成为孩子的榜样和教育者。第三，父母传递家庭价值的同时传递社会价值。传统中国家国同构，作为社会价值的“忠信”蕴藏在家庭价值“孝悌”之中。当代中国家庭和社会、国家的关系已经不同于传统时代，但是，家庭仍然是家国情怀的重要养成地，父训母教的家庭教育对于子女的人格养成乃至中华民族未来人才的塑造仍然具有重要意义。

三、家风传承的问题与对策

2014 年，国家卫健委发布了首个《中国家庭发展报告》，对中国家庭的特点和变化趋势做出分析和预测，此后每年发布。根据《中国家庭发展报告 2016》，中国共有 4.3 亿家庭户，约占世界家庭总数的五分之一。报告指出，中国家庭呈现出七大特点：家庭规模变小；家庭收入差距明显；家庭养老需求和医养结合的需求比较强烈；父亲在照料和教育儿童的过程当中发挥的作用、扮演的角色比较有限；计划生育家庭和非计划生育家庭相比较而言，总体来讲计划生育家庭的发展状况明显好于非计划生育家庭；流动家庭和留守家庭已经成为家庭的常规模式；城乡针对家庭的社区公共服务差异明显。[9] 这些数据与趋势，是我们理解当代中国家庭问题的重要依据。

党的十八大以来，习近平总书记在不同场合多次谈到要“注重家庭、注重家教、注重家风”，强调家庭的前途命运同国家和民族的前途命运紧密相连。习近平总书记的论断对于在新时代接续中华民族注重家教的传统，发挥家庭教育的独特作用，塑造和谐上进的家庭关系，培养有责任有担当的时代新人具有十分重要的意义。家和万事兴不仅是一个传统理念，更是一个卓有意义的时代命题。

（一）当代家庭与家风建设中的问题

目前，家庭教育与家风建设存在三大问题。第一，小家庭逐渐失守，出现了大量残缺家庭、破碎家庭，在家庭凝聚力和引导力方面都存在巨大问题；第二，经济成为社会唯一主导因素和最重要的评价标准，家庭也受到物质主义的严重影响，致使许多传统道德被漠视；第三，新时代的家庭教育缺乏具有中国特色的教育理论、教材与教师。

1. 家庭的残缺化

由于种种原因，当代家庭的稳定性和完整性都在下降之中。图 1 是 2012—2017 年全国上半年婚姻人口的数据趋势，从中可以看出中国离婚数量逐年递增的事实。

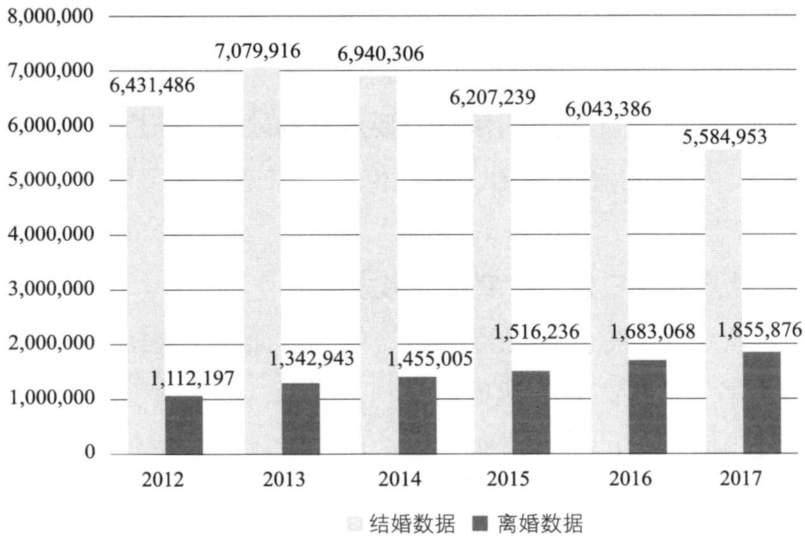

图 1　2012—2017 年全国上半年婚姻人口数据趋势（对）

数据来源：中国产业信息（https://www.chyxx.com/）。

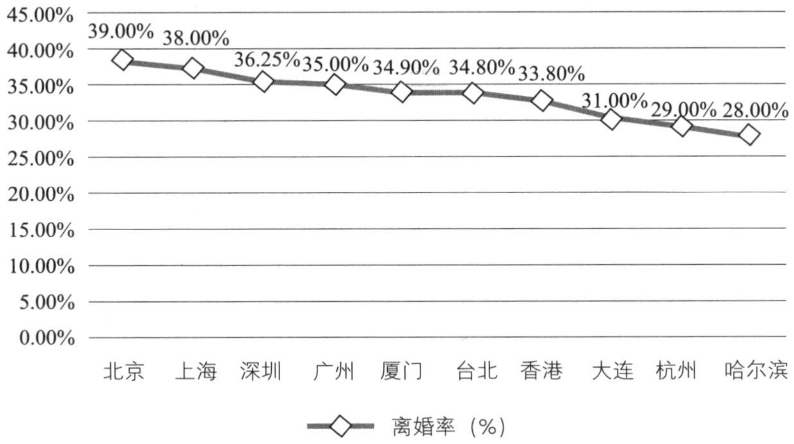

图 2　2017 年中国离婚率十强城市

数据来源：中国产业信息（https://www.chyxx.com/）。

从上述两图可见，虽然离婚率上升是普遍社会问题，但是在大城市和经济发达地区，离婚率无疑更高。显然，婚姻失败是城市残缺家庭形成的主要原因。

农村的残缺家庭主要是由劳动力异地务工造成的。留守儿童和留守妇女是目前关注较多的话题，但事实上，留守家庭本身也应该受到更多关注。因为家庭主要成员的缺失，家庭长期处于散沙状态，应有的家庭氛围、家庭伦理、家庭生活习惯无从培养，会形成恶性循环，影响极其深远。

2. 物质主义日益对家庭道德形成冲击

现代化对家庭是一把双刃剑。好的方面在于它使家庭的物质生活水平明显提高，生活更加便利；同时，它也改变着家庭的结构，改造着家庭的精神风貌，让个体家庭成员的关系更加平等和自由。但在另一方面，现代化也带来了一些不良影响。在追求现代化的过程中，经济因素开始异军突起，成为社会的主导因素和重要评价标准，在这种情况下，家庭也被纳入经济竞争之中，并且产生了一些严重问题。例如，组建家庭过程中的天价彩礼问题，将父母视为经济负担而弃养的问题，等等。但是，最重要的负面影响还不是具体行为，而是物质主义对家庭价值的冲击。

古人在家教中，会权衡价值与利益的权重，主动选择放弃物质利益，追求精神价值。例如朱柏庐《朱子治家格言》云："与肩挑贸易，勿占便宜。见贫苦亲邻，须多温恤。刻薄成家，理无久享。伦常乖舛，立见消亡。"同书又云："嫁女择佳婿，毋索重聘。娶媳求淑女，毋计厚奁。"[10] 这样对家庭价值的维护对于家庭的长久发展至关重要，而将这种家庭成员之间的友爱和责任扩展开去，又能形成更大的社会价值。比如，经由"老吾老以及人之老，幼吾幼以及人之幼"的共情体验，人就能把在家庭中习得的孝、慈精神推广到全社会。而且，因为有这样的价值导向，人们判断家庭成员的是非功过，评价一个家庭的幸福与否也会更多地纳入价值因素。比如，"家和万事兴"就是将和谐视为评价家庭的重要标准。但是，当经济因素被无限放大时，金钱成了衡量一切的标尺，在这种情况下，家庭独有的温度和价值观就会下降和缺失。而且，因为家庭承担着人生第一粒纽扣的职责，在物化的家庭成长起来的孩子，也会变成新的物质主义者，他们道德和情感的缺失会导致社会价值环境进一步恶化，这又会形成家风影响民风的新问题。

3. 家庭教育的“三缺”状态

中国有着悠久的家教传统。但是，时至今日，因为近现代以来的社会转型和文化断层，家庭教育出现了缺乏教育理论，缺乏合适教材和缺乏有经验、有能力教师的“三缺”状态。其中，首先是缺乏家庭教育理论。目前中国的家庭教育理论或者直接学习西方，或者直接来自古人，和今天中国家庭的现实状况和社会需求并不吻合。如何探索出一种既符合文化传统，又富于现代精神，解决中国当代家庭问题、丰富中国当代家庭价值的家教理论至关重要。其次需要着力解决的是缺乏家庭教育教材读本。目前的家教读本基本由古代家教读本改造而成，缺乏梳理，泥沙俱下，既不能体现当代家庭的变化，更不能符合当代家庭发展的需求。再次是家教师资的缺乏。虽然有各种各样的传统文化乃至传统家教培训机构，但是真正具有良好资质的教师非常缺乏，以至于形成了不少的骗子机构。家教理论缺乏造成的后果是方向不明，家教教材缺乏造成的后果是内容不清，家教教师缺乏造成的后果是引导不力。

（二）当代家风建设的对策

1. 借力脱贫攻坚，重塑健康家庭

家庭的完整健康是家庭教育的重要前提。而家庭的形态与质量又和我国现阶段的经济发展状况密切相关。其中的核心问题就是农村产业单一，大量青壮年外出务工，导致家庭残缺。2015 年

11 月 27 日至 28 日，中央扶贫开发工作会议在北京召开，11 月 29 日《中共中央　国务院关于打赢脱贫攻坚战的决定》发布，此后，经过数年的艰苦努力，到 2020 年底全面建成小康社会取得伟大历史性成就，决战脱贫攻坚取得决定性胜利，现行标准下近 1 亿农村贫困人口全部脱贫，832 个贫困县全部摘帽。农村的脱贫在很大程度上得益于产业的调整，在这个过程中，很多青壮年劳动力，特别是妇女劳动力得到了就近就业的机会，这对于农村家庭结构的完整、家庭形态的健康和家庭教育的实现具有至关重要的意义。可以说，脱贫攻坚所做出的每一项努力，解决的每一个问题都为家庭教育打下了基础。城市工作形态和生活形态也在重塑之中，2020 年，“内卷”“打工人”成为网络热词，提醒人们进一步关注职场压力问题，也彰显出青年一代对生活质量的重视，若能因势利导，进一步完善法律、制度、政策，构建家庭友好型社会，对于夯实家庭基础，塑造健康家庭形态具有重要意义。

2. 发扬家教传统，筑牢德育本色

陈来先生在《中华传统文化与核心价值观》一文中指出，中国传统价值观跟西方相比具有四大特点。首先是“责任先于自由”；其次是“义务先于权利”；再次是“群体高于个人”；最后是“和谐高于冲突”，主张以和为贵，不搞对抗。[11] 这四大特点放到家庭关系中思考一样有效。在现代家庭中，每个成员都有属于自己的责任和义务，当他（她）思考问题的时候，应该充分考虑家庭利益，致力于家庭和谐。家庭是社会的细胞，这种责任意识、义务原则、群体主义与和谐价值观从家庭推演到国家，既作为每个家庭成员的内生素质，又作为国民教育的底色，可以在家庭实践中学习、强化。在具体实践中，以下内容尤为重要。第一，要倡导“孝”“和”并重的新型家庭关系。传统家庭最重要的职责是“上以事宗庙，下以继后世”。[12] 孝道和重视子嗣相辅相成，成为家庭的基本价值取向。如今，上承祖宗，下启后世已经不再是家庭的基本职责，夫妻关系取代父子关系成为家庭中具有主导性的关系。这样一来，规范夫妻关系的“和”取代了规范父子关系的“孝”，成为当代家庭最重要的价值取向。尽管如此，中国家庭扶老携幼的特性依然存在，在成年一代工作压力大增的今天，老一代对家庭协助的重要性还在提升之中。这样看来，传统家庭中“孝”与当代中国“和”的价值观应该融会贯通，形成新的家庭价值基石。第二，要重视底线教育。中国所有的家训、家教都不是顶层设计，而是底线教育。没有哪一本家教书籍教导子弟成名成家，相反，家训往往从底线立论。例如，清代名臣张英所著《聪训斋语》对子弟的要求是“读书者不贱，守田者不饥，积德者不倾，择交者不败”。[13] 不求贵而求不贱，不求富而求不饥，不求立而求不倾，不求达而求不败，这种为家庭筑牢底线的思路，是中国古代家教最重要的智慧，在今天仍具有格外重要的传承意义。第三，要重视父训与母教、言传与身教相结合。当代社会，父亲和母亲都是家教的主导者，也都是家教的践行者。在具体实践中，父亲既要充分发挥传统“父训”的精神引领作用，也要尽力参与到日常育儿的细节中来，树立刚中有柔的家庭形象；而母亲既要充分发挥传统“母教”的生活督导作用，也要关心大局，重视自我实现，真正体现当代妇女“半边天”的能量和追求。父母相互配合，相互补充，共同致力于家庭的成长。第四，家国并重、群己兼顾。中国古代社会家国同构，求忠臣于孝子之门。这既是传统家教的出发点，也是传统家教的落脚点。今日中国的国家与家庭关系发生了根本性变化，但是，家国并重、群己兼顾仍然得到中国人的普遍认可，也是中华文明的巨大优势，决不能轻易放弃。

我们以“五好文明家庭”评选标准作为切入点，可以大体窥知中国新家庭与新家风的基本价值取向。文明家庭的评选最初起源于20世纪50年代，当时的主题是“勤俭建国、勤俭持家”。改革开放后的1982年，全国妇联倡导并发起了“争创五好家庭”活动，当时的五好家庭的标准是：“政治思想好、生产工作好；家庭和睦、尊敬老人好；教育子女、计划生育好；移风易俗、勤俭持家好；邻里团结、文明礼貌好。”1996年，“五好家庭”改为“五好文明家庭”，标准也修订为“爱国守法，热心公益好；学习进取，爱岗敬业好；男女平等，尊老爱幼好；移风易俗，少生优育好；勤俭持家，保护环境好”。2009年，“五好文明家庭”标准进一步修订为“爱国守法，明礼诚信；夫妻和睦，孝老爱亲；学习进取，科学教子；邻里融洽，友爱互助；低碳生活，热心公益”。

纵观不同时代文明家庭的标准会发现，新中国成立以后对家庭的塑造非常凸显家国一致的理念和情怀，无论是20世纪50年代的“勤俭建国”，还是20世纪90年代的“爱国守法，热心公益”，乃至2009年的“爱国守法，明礼诚信”，都把国家置于首位，凸显家国一致的特性。另外，随着时代发展，家庭与社会之间的关系也越来越受到重视。从20世纪50年代只提国家与家庭两个层面，到20世纪80年代关注邻里关系，再到20世纪90年代以后发展出热心公益的理念，可以看出社会因素由小变大、由弱变强的过程。而这一发展变化不仅属于新时代，也能够和传统有效衔接，因为在传统家训中，帮扶宗族、行善乡里也一直是受到褒奖的德行。上述四个层面的内容，都根植于中华民族悠久的家教传统，立足于家庭教育立德树人的德育特色，呼应时代的发展和进步，总括于中华民族深沉的家国情怀之中。

3. 重视理论建设、制度建设和人才培养

家庭教育是一个系统工程。需要先进的理念和明晰的方向。在此，必须沉下心来，梳理清楚古代的和外来的家教理念、家教思想，分清不同地区、不同阶层家庭的实际需求，激浊扬清，推陈出新。梳理和整合是一个大工程，不能急功近利，盲目推进。待取得既符合民族文化传统，又符合未来家庭发展方向的基本共识后，再稳步推广、实施，才能走得更坚定而踏实。

理论建设之外，还需要有力的制度支持和人才培养。2019 年全国教育工作会议上，教育部部长陈宝生对家庭教育提出要求："积极推动将家庭教育纳入基本公共服务体系，争取专门经费支持，通过家委会、家长学校、家长课堂、购买服务等形式，形成政府、家庭、学校、社会联动的家庭教育工作体系。"[14] 这是一个很好的制度构想。在此基础上，还希望能够把家庭教育的内容纳入婚前教育之中，通过培养合格的夫妻来成就合格的父母，再通过合格的父母来塑造合格的家庭，由此推而广之，推动整个社会的良性发展。

综上所述，中国有庞大的家庭规模，有优秀的家教传统，更有面向未来的家庭需求。家庭不仅是每个人安身立命的港湾，它还是人格养成的基地，也是梦想起步的码头。弘扬家教传统，涵容时代命题，致力于每一个家庭的美好未来，这不仅是中国梦的组成部分，更是中国梦得以实现的最重要基础。

【参考文献】

[1] 黄寿祺 , 张善文 . 周易译注［M］. 上海：上海古籍出版社 ,2007:450.
[2] 朱熹 . 四书章句集注 · 大学章句［M］. 北京：中华书局 , 1983:9-11.
[3] 王相 . 女四书集注 · 卷二内训［M］. 重刊本 . 京都：文成堂 ,1885（清光绪十一年）.

[4] 国家统计局 .2018 年全国时间利用调查公报［R/OL］.(2019-01-25). https://www.stats.gov.cn/sj/zxfb/202302/t20230203_1900224.html.
[5] 国家统计局，联合国儿童基金会，联合国人口基金 .2015 年中国儿童人口状况：事实与数据［R/OL］.(2017-09).https://www.unicef.cn/reports/population-status-children-china-2015.
[6] 刘海藩 . 中华人民共和国史全鉴 - 教育卷［M］. 北京：中央文献出版社 ,2005：63.
[7] 教育部发展规划司 .2018 年全国教育事业发展基本情况年度发布［R/OL］.(2019-02-26).http://www.moe.gov.cn/fbh/live/2019/50340/sfcl/201902/t20190226_371173.html.
[8] 经济日报 - 中国经济网 . 国家文物局：截止 2018 年底全国博物馆数量已达 5354 家［EB/OL］.(2019-05-18).http://www.ncha.gov.cn/art/2019/5/18/art_1027_155110.html.
[9] 国家卫生计生委家庭司 . 中国家庭发展报告 2016［M］. 北京：中国人口出版社 ,2016：3-8.
[10] 卫绍生 . 弟子规 弟子职 朱子治家格言［M］. 郑州：中州古籍出版社 ,2010：57-59.
[11] 陈来 . 中华传统文化与核心价值观［J］. 新湘评论 ,2015 (5).
[12] 王文锦 . 礼记译解［M］. 北京：中华书局 ,2016.
[13] 张英，张廷玉 . 聪训斋语 澄怀园语——父子宰相家训［M］. 合肥：安徽大学出版社，2013：31.
[14] 陈宝生 . 落实 落实 再落实——在 2019 年全国教育工作会议上的讲话［EB/OL］.(2019-01-30).http://www.moe.gov.cn/jyb_xwfb/moe_176/201901/t20190129_368518.html.

家庭教育理论研究的问题与对策

缪建东 *

新中国成立以来，特别是新时代以来，我国家庭教育研究取得了一系列重要成就。在习近平总书记关于“注重家庭、注重家教、注重家风”重要指示精神的鼓舞下，家庭教育实践持续深入，家庭教育理论创新成绩喜人。以研究论文为例，笔者在中国知网（CNKI）数据库中以“家庭教育”为关键词检索从 1950 年到 2019 年的文献，总共检索到 8311 篇，数量随年份增加呈明显上升趋势，尤其在 1990 年以后数量迅速增加。但这些文献只有约 13% 发表于核心期刊，也在一定程度上反映出家庭教育研究的质量亟待提高。

目前，我国各地区都有家庭教育学术研究的重要阵地。这些阵地较多地集中于高等学校、科研院所，其中师范大学是非常重要的研究机构和组织。在研究生培养上，不少高等院校和科研机构也都设立了与家庭教育相关的研究方向。另外，越来越多的社会组织参与到了家庭教育研究中，例如，不少家庭教育研究会以课题引导学术研究，以实践指导带动普及提高，对家庭教育研究的发展发挥了至关重要的作用；地方家庭教育研究组织也立足于当地实情，取得了许多有质量、有特色的家庭教育研究成果。

多年来，在众多学人的努力下，我国的家庭教育知识体系也

* 缪建东，南京师范大学家庭教育研究院院长、教授，中国家庭教育学会标准专委会副理事长。

正处在有效的搭建过程之中。家庭教育的教材体系取得了长足的进步，高等学校教育专业使用的教材、师范院校使用的教材、公共专业选修的教材、研究生使用的教材均已面世，部分教材一版再版。教师教育的教材、家长学校的教材、家长读物、家庭教育指导教师用书、社区工作者用书也已经出版。目前，各年龄段、各类型人员的家庭教育指导教材都已经出版，并正在使用、完善、探索的过程当中。

但是在家庭教育人才培养方面，我国对家庭教育人才培养体系的建立有待进一步的探索。我国家庭教育专门人才的培养已经取得了一定的成就，即培养了一些研究生阶段的人才。目前，在师范大学、师范学院里先后有若干单位开设了家庭教育硕士研究生培养学位点，个别学校尝试开办了博士学位点。但是，现在的培养体系也面临着学生找工作困难、专业技能优势不明显等问题。另外，大量公共专业的家庭教育课程也有待进一步开设。把家庭教育类课程设为选修课程是一个普遍的做法，但这样的做法也存在师资不足、课时不足、认识不足、创新不足等问题。在成人教育上，面向成人在职学习的、带有普及性质的家庭教育人才培养同样尚有许多路要去探索。总之，建立家庭教育人才培养的金字塔结构需要更多的有识之士去予以推动、为之努力。家庭教育的知识体系、课程体系及人才培养体系需要分别突破，并打通转化的渠道，形成有机的关联。

在家庭教育实践研究方面，我们对鲜活的家庭教育实践有待进一步总结提炼，对优秀家庭教育实践案例的推广需要深入，对家庭教育的研究需深耕细作，对我国优秀的家庭教育历史文化资源应不断挖掘、利用。我国家庭教育的历史研究尚未见到有重要学术影响的成果，但令人欣喜的是，近年来，不少学人已经注意到家庭教育的比较研究，陆续出现了一些在家庭教育领域跨文化、跨国别的比较研究，使我国家庭教育研究的国际视野得到了一定的拓展。

尽管我国家庭教育的研究取得了很多进步，但我们仍须清醒地认识到在当前研究中还存在的一些问题。

一是家庭教育理论研究深度回应家庭教育实践的能力有所欠缺，对日新月异、如火如荼的家庭教育实践引导不足、解释乏力、说理不透、批判不够。

二是家庭教育基础理论研究有待加强。针对家长关心的热点问题，家庭教育研究中充斥着大量“开药方”式的研究，有的开的药方，属“尝试式”，有过度迎合家长功利需求的倾向，缺乏对事实的全面调研和对背后机理的冷静分析，对研究结果的理性分析和思辨深度都有待加强，因此一些家庭教育的基础理论问题尚未研究透彻。

三是具有重大社会影响和较强说服力的成果尚未出现，家庭教育研究的重大成果有待进一步突破。科学性不够导致家庭教育研究的影响力有限、与国际学术前沿接轨不够、研究的国际交流不多。未来家庭教育研究者可以更多采用科学抽样、统计分析和大数据分析的方法，提升家庭教育研究的科学性和规范性。家庭教育研究利用大数据等现有研究信息的能力欠缺、学理性探索不足的一个重要根源是说理性乏力，乏力的重要影响因素是事实把握不够，大规模的、科学的、系统的调查研究较为欠缺。

四是家庭教育研究“单兵作战”明显，跨学科协同研究力度不足。家庭教育涉及家庭内部的父辈、祖辈、子女，还与外部的学校、教育行政部门甚至整个社会息息相关，需要跨学科协同研究，形成多学科知识和研究方法的整合，以此来更好地揭示和解释家庭教育现象和问题。

五是家庭教育研究理论与实践存在脱节，二者缺乏沟通的桥梁。部分研究者忙于制造新观点、推出新概念、构建理论模型，习惯于批判家庭教育实践中存在的各种问题。而一些实践工作者沉浸于琐碎的问题中，急于寻找解决问题的各种具体方法，生搬硬套各种所谓成功的家庭教育方法，难以耐心、系统地学习关于儿童发展的理论研究，对理论敬而远之。理论与实践的脱节使得家庭教育研究往往不能“顶天”，也难以“立地”，从而导致理论研究对家庭教育实践问题的深度回应不足，对实践走向的价值引领乏力。

六是家庭教育政策研究数量较少，缺少长期追踪研究。现有文献中有关家庭教育政策的研究数量还不多，缺少系统分析政策特点和作用的研究、通过计量统计对政策进行科学评估分析的研究以及长期调查的追踪研究，导致家庭教育研究整体较为零散，系统性需要加强。

相信随着社会的进一步发展，我国的家庭教育事业一定会出现更加繁荣的格局，也一定会带来教育春天的姹紫嫣红。

试论家庭教育的“中国特色”

郭继承 *

摘　要：家庭教育不是抽象悬空的社会活动，而是和不同国家的实际情况和时代需要有机结合在一起的。因此，探索和建构中国家庭教育的“中国特色”是做好当前中国家庭教育的前提和基础。在中华民族伟大复兴的时代节点，做好中国的家庭教育，既要着眼于中华民族伟大复兴的时代需要，又要从五千多年中华文化的大海中汲取营养，涵养孩子的国家认同与文化认同，并在这个基础上培养孩子应对中国社会发展过程中存在的普遍性问题的能力，从而真正培养出深深扎根祖国、热爱祖国，又具有国际视野、开阔胸襟的新时代的中国青年。

关键词：家庭教育；中国特色；国家认同；文化认同；国际视野

教育界公认的结论：家庭教育在一个人健康成长方面起着不可替代的作用，做好家庭教育不仅对孩子的健康成长有直接影响，而且对于培养出支撑国运从而实现国家可持续发展的人才，发挥着重大作用。从家庭教育的内容来看，我们既要看到人类家庭教育应该尊重孩子成长的一般规律，也应该看到不同国家的家庭教育也有着不同的个性特点。具体到中国的家庭教育，如何清晰和建构家庭教育的“中国特色”，是我们推进和做好中国家庭

* 郭继承，中国政法大学马克思主义学院思想政治教育研究所副教授，主要研究中国思想史、人生哲学、家庭教育等。

教育的前提。

一、培养出符合中华民族伟大复兴事业需要的人才，是新时代对中国家庭教育的要求

是否符合时代发展对人才的需要，是对一个人是否成才的根本检验。一个人的优秀与否，不是自恋式的自我欣赏与自我肯定，更不是人为的自我宣传和美化，其根本上取决于人的素养和能力是否符合时代的需要，是否能够推动时代的进步。不管任何形式的教育活动，没有经过时代的认定和检视，都称不上合格。

回望中国的近代史，我们的教育因为和时代脱节而未能培养出支撑国家命运的人才，殷鉴不远。18 世纪工业革命后，单就教育领域而言，一个国家能够培养出钻研自然科学和工程技术科学的人才，成为这个国家发展壮大的重要条件之一。当时的中国以科举考试作为选拔人才的唯一途径，考试的内容也仅仅局限于程朱理学所诠释的儒家学说，这不仅导致了近代以来中国自然科学人才的严重匮乏，某种程度上也成为导致近代中国积贫积弱、屡遭外敌入侵的重要原因。清代小说家吴敬梓所写的《儒林外史》中范进中举的故事，就很好地表现了那个时代中国社会的价值导向和教育状况。当西方社会在文艺复兴、启蒙运动后大力推动自然科学教育而一日千里的时候，中国的教育还在传统科举的架构内踽踽独行。

那么，在实现中华民族伟大复兴的历史征程中，新时代到底对孩子成长和家庭教育提出了哪些要求？在家庭教育的过程中又应该如何回应这些要求呢？

其一，人能弘道，非道弘人，中华民族伟大复兴需要全体中国人的努力，同时只有强大繁荣的祖国才能更好地维护每一个中

国人的福祉。因此，每一个中华儿女要深刻认识到国家强大与个人福祉之间的关系，发自内心地爱自己的国家，自觉维护国家的利益和尊严。家庭教育要自觉引导孩子爱我们的国家，在潜移默化中培养孩子对国家的认同、责任感和担当精神。在孩子的人生选择上，家长要善于引导孩子将个人的成长规划与国家发展的需要结合起来，只有这样，孩子才能有更多的机会，更容易得到社会的认可，更容易做出成就，更能展现人生的价值和意义。

其二，中华民族伟大复兴，绝不是敲锣打鼓、轻歌曼舞就可以实现的，在这个过程中一定会经历无数惊涛骇浪和艰难险阻。我们能否迎接一切国内外的挑战，决定了我们能否真正实现中华民族伟大复兴，这就需要我们的家庭教育在塑造孩子的健全人格和抗打压能力等方面，做出持续的努力。一个有健全人格的孩子，一个有抗打压能力的孩子，未来如果经历挫折、痛苦、困难、不如意、误解等考验，都能够百折不挠，始终积极向上，做一个堂堂正正大写的“人”。应该看到，改革开放以来，随着社会经济的发展，我们的孩子生活物质条件越来越好，但很多孩子缺少苦难的洗礼和在艰难中打拼的历练，滋生了娇气，甚至一些男孩多了脂粉气和阴柔气，少了英雄气和阳刚气。从小一点说，这些品质不利于孩子正确面对人生的各种考验；从大处说，缺少钢筋铁骨不能勇敢面对人生考验的青年一代，也无法支撑中华民族伟大复兴。

其三，在中华民族伟大复兴的征程中，在历史交汇的节点，必然会出现各种各样的观点，人的一生也必然会遇到有各种价值观和政治立场的人，这就需要家庭教育引导孩子树立正确的价值观，能够正确看待各种各样的观点和价值观，能够正确处理个人和他人、个人和集体、个人和国家等关系，绝不做自私自利、自我为中心的人。社会的多元，价值观和认识观点的各种各样在某种程度上是社会的常态，这就需要我们注重培养孩子一以贯之正确分析和看待问题的能力，始终能够从有利于国家发展和民族团结的价值立场审视一切，始终能够尊重事实并全面地分析问题。一个没有独立判断和正确选择能力的人，在各种言论和观点纷至沓来的过程中，不仅会摇摆不定、迷茫、痛苦和纠结，而且还有可能被错误的言论和价值观带入人生的歧途，甚至走上违法犯罪的道路。

当然，中华民族伟大复兴在家庭教育上提出的挑战远不止上面这些，我们在这里不可能面面俱到地分析，而是要强调中国的家庭教育必须明确当下的时空坐标，即中华民族伟大复兴提出了什么样的历史任务和时代课题，我们的家庭教育就要做出什么样的回应。只有这样，父母才能培养出符合时代需要的人才，才能真正让孩子成为当今社会需要的人。

二、中华优秀传统文化为新时代家庭教育提供了丰厚的文化滋养和精神沃土

任何一个国家，都有这个国家的精神特质，这是一个国家之所以存在、发展并凝聚人心的内在精神力量。无论是家庭教育、学校教育、社会教育等，传承优秀文化传统，培养国家永续发展的接班人，是全世界各民族的共同做法。具体到我们国家，中华文化是中华民族的内在精神标识，是中华民族保持强大向心力、凝聚力和生命力的精神源泉，扎根中华文化，传承中华优秀传统文化，助力孩子全面发展，这是包括家庭教育在内的中国教育活动的应有之义。任何一个孩子，只有深入了解本国的文化，并能够融入本国的文化和社会氛围，才能更好地成为社会一员，拥有更好的发展机会。

放置在人类文化发展的视野中，中华民族历久弥新，绵延不息，五千多年的文化河流从来没有断流，这是中华文化内在生命力最好的证明和诠释。从某种程度上说，五千多年的中华文化是中华民族永续发展的独特优势和永葆生机的精神支撑！从历史上看，家庭教育是中华民族优良传统传承的重要形式，正是在中华文化的滋养下，通过家庭教育这种形式，中国历史上出现了孟子、岳飞等典范人物，出现了诸葛亮《诫子书》、袁了凡《了凡四训》等中国家庭教育史的精彩华章。在今天，中国的家庭教育既要借鉴西方先进教育理论，更要传承中华家教智慧的优良传统，在优秀文化的滋养下，注重树立孩子的健全人格，厚植孩子的德行修养，开启孩子的智慧格局，促进孩子的全面发展，并在教育的过程中承担传承中华优秀传统文化的使命责任。

中华优秀传统文化是我们做好家庭教育的文化和智慧宝库。中国传统的教育根据孩子成长的不同阶段，有着不同的做法和要求。在孩子未成年时，我们称之为“蒙学”阶段，以“三百千千”（《三字经》《百家姓》《千字文》《千家诗》）为代表的蒙学教材，对于孩子的人文底蕴、待人接物的基本规矩、做人的基本道德规范等，都做了较好的普及要求。在成年之后，儒、释、道的经典则开始在更高的层次上提升孩子的境界、格局和人生智慧。

读《论语》，可以给一个孩子全方位的人生启迪和精神营养。“学而时习”，告诫孩子绝不可空谈理论，而是要理论与实践相结合。“三省吾身”，要求孩子时时反省自己，认识到自己的弱点，真正具有空杯心态，永远在自我纠错中前行。“朝闻道，夕死可矣”，启迪我们人生最高的价值追求是“道义”，一切的选择要从“道义”尺度检视和评判，所以孔子才说“君子喻于义，小人喻于利”，这实际上告诉了孩子什么是正确的价值观：不符合国家和人民利益，即不符合“道义”的任何诱惑，都要学会拒绝和放下；只有符合“道义”的选择才是正当的！否则，一个人价值观的“方向盘”和第一粒“纽扣”一旦出错，整个人生也必然误入歧途。

读《孟子》，要引导孩子懂得“穷则独善其身，达则兼济天下”，在缺少好的发展机会时，一定要严格要求自己，绝不放纵和懈怠；一旦有了为人民服务的机会，那就要将自己的一生融入为人民服务的大海中去。任何人一生都会经历无数的考验和历练，一个人的伟大就在无论经历什么样的考验和磨难，绝不忘记初心，“大人者，不失其赤子之心者也”。而且，历史不会白白把任何一顶桂冠戴在任何人的头上，经历多少的考验，才有多大的成就，正如孟子所言：“故天将降大任于是人也，必先苦其心志，劳其筋骨，饿其体肤，空乏其身，行拂乱其所为，所以动心忍性，曾益其所不能。人恒过，然后能改；困于心，衡于虑，而后作；征于色，发于声，而后喻。入则无法家拂士，出则无敌国外患者，国恒亡。然后知生于忧患而死于安乐也。”今天，我们会发现有不少的孩子面对挫折和考验，有“躺平”的心态，甚至采用极端的方式结束生命，这更需要我们从孟子的话中汲取营养，善养孩子的浩然之气，愈挫愈勇，百折不挠，奋发图强。

读《礼记·大学》，可以让孩子知道提升自己的德行是人生永远的追求，“大学之道，在明明德”，“在止于至善”。而且一个人无论有多大的抱负，必须有承载的能力才能成就一番功业，“自天子以至于庶人，壹是皆以修身为本”，如果自身修为跟不上，越是有大的权力、名声、地位、金钱等，由于德不配位，往往会因为自己不能把持自己，最终身陷囹圄，甚至家破人亡。而且，《大学》还指出了一个人如何完善自己的内在逻辑和修行次第，那就是从格物、致知、诚意、正心，到修身、齐家，再到治国、平天下，一步步地完善人格、拓展格局、开启智慧，内圣外王。

读《道德经》，可以让孩子懂得宇宙万物背后存在内在的规律，在规律面前，没有任何一个人可以特殊，真理只眷顾那些认识真理、尊重真理、按真理办事的人，这就是“不道早已”更进一步。《道德经》还指出了一个人之所以不能领悟和遵循大道的根本原因，就在于心性被贪财好色等人性的弱点所蒙蔽，导致“五色令人目盲，五音令人耳聋，五味令人口爽，驰骋畋猎令人心发狂”。在这个认知基础上，《道德经》给出了如何领悟和遵循大道的方法和路径：“为学日益，为道日损，损之又损，以至于无为，无为之处，无所不为。”所谓“为道日损”，就是告诉我们求道的方法和路径是不断超越和削减人性的弱点，并在这个基础上开启人心之中内在领悟智慧的能力。道家的“无为”与平时人们所说的“消极”根本不是一回事，而是反对在人性弱点的牵引下“胡作非为”，主张人们在“道”的指引下，顺道而为，赢得主动。

读《中庸》，会让孩子懂得万物并育而不相害，道并行而不相悖，人与人、人与社会、人与国家、人与自然等，都处在密切的关联之中。我们要反对西方所倡导的那种过多强调“小我”的“自我为中心”的价值导向，反对个人至上、个人的自由至上的极端观点，既要重视个体价值和自由，也绝不可漠视他人的需要、国家的需要、人民的需要。

如此等等，中华文化的大海中有太多博大的智慧，对于滋养孩子健康成长，引导孩子正确地看待自己、看待世界，拥有正确的世界观、人生观、价值观，都有着不可替代的价值和意义。任何一个人，都不是抽象孤立的一个人，都生活在现实的大地上。对于中国的孩子而言，要明白中国人是中国人最根本的原因，正是五千多年的中华文化养育出了中华民族独特的内心世界和心灵归属，要明白托起我们每一个中国人幸福的根本力量是国家的繁荣强大。一个人的运气再好，抵不过国运的力量。当国家衰败，内忧外患，甚至“人为刀俎，我为鱼肉”的时候，生活在这个国家的个体，无幸福可言。反之，在国家繁荣富强、外敌不敢入侵的时候，普通老百姓才有安居乐业的可能。因此，中国的家庭教育务必要扎根中国，用中华文化的智慧和精神为孩子的健康成长赋能，并在这个过程中塑造孩子正确的国家认同和文化认同，深切热爱自己的国家和文化，并立志以自己的努力为国家的发展、人民的幸福和文化的繁荣作贡献。只有这样，才是合格的中国家庭教育，才能培养出堂堂正正的中国人，才能让孩子成为中华民族永续发展的接班人和国运的托起者。

三、做好中国的家庭教育，要直面中国社会发展和孩子成长面临的问题并做出正确的引导和回应

任何一个国家，都有自身独特的时空环境和问题，中国的家庭教育要正视我们自身发展面临的问题，并能够引导和教育孩子成为解决中国发展难题、推动中国进步的有生力量。

改革开放以来，国家迅速发展带来的人们精神世界与物质相对丰富如何协调发展的挑战；互联网的迅猛发展、城市化的加速和计划生育政策带来的生存环境、生活方式的剧烈变化给孩子教育带来的新挑战、新问题……这都是当前家庭教育必须关注和回应的问题。具体说来，在物质匮乏的时候，人们普遍关注的重点就是如何赚钱和改变生活处境、如何快速增加物质财富；但当物质生活有了一定的改善和提升之后，人们精神世界的诉求会越来越丰富、复杂，我们必须做好应对人们更高层次精神需求的准备。

家庭生活方面，由原来一个家庭几个孩子变为一个家庭只有一两个孩子；生活环境从农村的广阔天地之间到只有几十、一百多平方米的楼房；生活方式从现实世界的鲜活生活到互联网虚拟世界充斥每个人的空间。这些变化都会对孩子的身心健康产生影响。更进一步，随着城市化生活压力的加大，不同生活观念的渗透，有很多青年人不准备结婚、不准备生孩子，甚至在性取向上都发生值得社会关注的变化，凡此种种的问题，都需要家庭教育高度关注并做好引导。而且，这种引导不仅关系个体的生活和家庭的幸福，还会对中国社会的可持续发展产生直接的影响，应该引起全社会的高度重视。

结语：立足本来，面向未来，海纳百川，培养新时代托起国运的接班人

一个民族的发展，既需要坚持本民族文化的主体性，同时又要有融汇世界一切文化优势为我所用的能力。家庭教育也是如此。我们重视家庭教育的“中国特色”，强调中国家庭教育在培育中华民族伟大复兴事业接班人方面的使命和担当，让我们的孩子既要深深地扎根祖国，以中华文化的智慧和精神润泽孩子的人生和未来，又要具有国际的视野，永不僵化，善于学习，永远有自立世界潮头的自觉和开阔胸襟。

任何一个民族的文化，都是一面镜子，有的时候我们只有在其他民族文化的镜子面前才能更好地看清自己、认识自己，从而做到自我超越和自我革命。历史已经无数次证明：封闭僵化，自大自傲，只能让自己走向衰败凋零；盲从照搬，自我否定，也会让自己走向覆灭。只有扎根中国的同时又放眼世界，批判地继承，理性地学习，才能培养出支撑中华民族永续发展的人才。

中华民族历来重视家庭、家教、家风，在实现中华民族伟大复兴的历史节点，如何做好我们的家庭教育也面临着新的问题和挑战。教育是一项非常复杂的社会活动，是各种社会要素综合发挥作用的结果，家庭教育并非万能，但家庭教育对一个人的成长所起到的作用却无可替代。当下的中国，面对百年未有之大变局，更需要家庭教育、学校教育、社会教育等不同教育形式结合起来，共同培养堪当民族复兴重任的人才。因此，我们应该深入研究中国家庭教育面临的挑战、问题和时代使命，力争建构、完善新时代中国家庭教育的理论框架，并将理论和实践有机结合起来，不仅为孩子全面发展保驾护航，也应该为国家、民族的永续发展培育大才。

【参考文献】

[1] 高时良 . 学记评注［M］. 北京：人民教育出版社 ,1982.

[2] 张岂之 . 中国思想史：全 2 册［M］. 西安：西北大学出版社 , 2012.

[3] 郭继承 . 郭继承人生课：中华经典十三讲［M］. 北京：当代世界出版社 ,2019.

[4] 孙培青 , 李国钧 . 中国教育思想史［M］. 上海：华东师范大学出版社 ,1995.

[5] 赵刚 . 家长教育学［M］. 北京：教育科学出版社 ,2010.

妇女组织在家庭家教家风建设中的实践探索

——以上海市嘉定区妇联为例

陈彩玉　张丽萍*

摘　要：“重视家庭建设，注重家庭、注重家教、注重家风”是习近平总书记在2015年春节团拜会上对全国人民的倡导。本文在调查研究、案例分析的基础上，探索了上海市嘉定区家庭对家庭、家教、家风的认知情况和上海市嘉定区妇联在家庭、家教、家风领域所开展的工作状况。研究发现，上海市嘉定区妇联的家庭家教家风建设工作受到了广大人民群众的认可，并形成了家庭、家教、家风三者互动的工作合力，为弘扬良好家庭、家教、家风提供了有益的借鉴，为推动出台更有利于家庭建设的公共政策提供了实践依据。

关键词：妇女组织；家庭家教家风；上海妇联

一、研究背景

习近平总书记高度重视家庭建设，并多次做出重要讲话。

---

* 陈彩玉，上海市妇女儿童发展研究中心原主任，中国家庭教育学会家校社共育专委会理事，主要研究家庭教育、妇女儿童、婚姻家庭等。

张丽萍，上海市嘉定区妇联原党组书记、妇联主席，主要研究妇女组织与妇女工作、家庭、妇女、儿童等。

2015年2月17日，习近平总书记在春节团拜会上指出：“家庭是社会的基本细胞，是人生的第一所学校。不论时代发生多大变化，不论生活格局发生多大变化，我们都要重视家庭建设，注重家庭、注重家教、注重家风。”[1]2016年12月12日，在会见第一届全国文明家庭代表时，习近平总书记强调：“家庭是社会的细胞，家庭和睦则社会安定，家庭幸福则社会祥和，家庭文明则社会文明。”“家庭是人生的第一个课堂，父母是孩子的第一任老师，孩子们从牙牙学语起就开始接受家教，有什么样的家教，就有什么样的人。家庭教育涉及很多方面，但家庭教育最重要的是品德教育，是如何做人的教育。”[2]2018年11月2日，在同全国妇联新一届领导班子成员集体谈话时，习近平总书记强调家庭建设和家庭教育的重要性，并指出“做好家庭工作，发挥妇女在社会生活和家庭生活中的独特作用，是妇联组织服务大局、服务妇女的重要着力点”。[3]习近平总书记站在治国理政的战略高度，对新时代家庭建设提出了一系列新论述、新观点、新要求，为新时代妇女事业和妇女工作的开展拓展了领域，为妇女组织开展家庭建设工作指明了方向。

2019年5月13日，全国妇联向全国推出的“家家幸福安康工程”实施方案，是学习习近平总书记重要讲话精神并落实到行动的重要举措。该工程明确指出新时代妇联组织做好家庭工作的职责使命，即以发挥妇女在社会生活和家庭生活中的独特作用为主线，实施家庭文明创建行动、家庭教育支持行动、家庭服务提升行动、家庭研究深化行动。该工程为基层妇女组织进一步推进深化家庭文明建设系统化的工作明确了前进的方向。

上海市嘉定区妇联深入学习并积极响应习近平总书记关于家庭建设的重要讲话精神，同时全力贯彻全国妇联关于做好“家家幸福安康工程”实施方案的精神，以新时代、新风貌的精神姿态，立足本职，敢于担当，敢于作为，勇于创新，积极开展家庭、家教、家风领域的实践和研究，开展了一批主题鲜明、家庭喜爱、成效显著的有理念、有品牌的特色活动，创新和发展了妇联组织整合社会力量的工作优势和组织优势，形成了家庭、家教、家风三者有机结合、互为补充、相得益彰的工作局面，为妇女组织在基层构建社会治理新格局做出了有益的尝试。

二、研究内容及方法

（一）调查问卷及数据分析

为更好地了解嘉定区妇联组织在家庭家教家风建设中的作用，2020 年 7 月，嘉定区妇联组建了《妇女组织在家庭家教家风中的作用》课题组，课题组以问卷调查、座谈会、实地考察等形式，对嘉定区妇联在家庭家教家风方面开展的活动进行了全面的了解、考察和梳理。首先，设计题为《妇女组织在家庭家教家风中的作用》调查问卷，问卷从 3 个维度共 12 个问题着手调查：（1）家庭对家庭家教家风的认知情况；（2）家庭对妇联组织在家庭家教家风方面开展的活动（9 大类共 22 项）的参与度、需求度、满意度；（3）妇联组织开展家庭家教家风方面活动的效果。调查组根据全区的实际住户数，按 1% 的比例面向全区 12 个街镇的家庭发放调查问卷，共收回有效问卷 3021 份。其次，调查组以区级、街镇级、居村级等不同层级、不同人群为研究对象，对 6 个街镇，分别以座谈会、个别访谈、实地考察等形式进行深入访谈和调查。最后，调查组分别听取家庭代表、妇女干部代表、社会组织代表、志愿者代表等各类群体共计 91 人次的意见和建议，从而对嘉定区妇联组织在家庭家教家风方面开展的一系列活动有了较为全面和客观的了解。

1. 家庭对家庭家教家风的认知情况

调查发现，在“您认为家庭建设中最重要的内容”问题中，排列前三的选项分别是：“尊老爱幼”（93.31%）、“夫妻和睦”（85.73%）、“勤俭持家”（68.75%）。这充分表明，传统的家庭理念并未过时，尊老爱幼依然是广大家庭首选的中华民族传统美德。

在“家庭教育方面，您认为最重要的一句话是哪一句”问题中，54.35% 的家庭选择了“家长是孩子的第一任老师”；但选择“家庭教育最重要的是品德教育”的家庭仅有 19.83%。这说明，虽然品德教育在家庭教育中的重要性不言而喻，但“家庭教育最重要的是品德教育”这一理念尚未被广大家长所认可。

在“您的家庭最看重的家风传承内容”问题中，排列前三的选项分别是：“优良的品质”（73.29%）、“家庭教育”（60.87%）、“讲规矩、懂礼貌”（59.95%）。做人做事要有优良品质的观念位列第一，不难看出其作为传承良好家风的基础性意义。

2. 家庭对妇联组织在家庭家教家风方面开展活动的参与度、需求度、满意度

从调查问卷中所得出的数据显示：参加过妇联组织在家庭家教家风方面活动的家庭有 77.29%，占比近八成。其中，有 68.42% 的家庭对这些活动表示非常需要、21.72% 的家庭表示比较需要，两者相加为 90.14%；有 68.14% 的家庭对这些活动表示非常满意、19.95% 的家庭表示比较满意，两者相加为 88.09%。由此可见，家庭对妇女组织开展活动的需求度和满意度之高。

3. 妇联组织开展家庭家教家风方面活动的效果

本次调查发现，参加过妇联组织开展的活动的家庭与未参加过的家庭在各类选项的均值上均有显著差异（$p<0.001$），即参加过活动的家庭对家庭家教家风相关的服务需求显著高于没有参加过活动的家庭，参与各类活动的满意度和获得感也显著高于没有参加过活动的家庭。这说明，妇联组织开展的相关活动在满足人民群众对家庭家教家风建设的需求上，以及在提高人民群众注重家庭、注重家教、注重家风的意识上，都取得了良好的效果。

在对“您及您的家庭参加妇女组织开展的活动后获得的帮助”问题进行调查后发现，在增加家庭幸福感、掌握家庭教育的理念和方法，以及家庭成员共同构建优秀家庭文化、传承良好家风等良好风尚方面，家庭受到的帮助最多（见表 1）。并且，对妇女组织开展的这些活动，有 73.12% 的家庭表示获得非常大的帮助，有 20.62% 的家庭表示获得较大帮助，两者相加为 93.74%。这体现了妇联组织开展的活动确实对人们家庭建设水平的提高、家庭教育能力的培养和良好家风的传承起到了促进作用。

表 1　家庭在家庭建设、家庭教育、家风传承方面获得最多的三项帮助

方面	家庭获得最多的三项帮助	比例
家庭建设	增加家庭幸福感	90.67%
	家庭关系变得和睦稳定	62.79%
	尊重和保护儿童权利	62.33%
家庭教育	掌握家庭教育的理念和方法	85.27%
	提升家庭教育能力	72.27%
	为儿童健康成长营造和谐家庭环境	68.82%
家风传承	家庭成员共同构建优秀家庭文化、传承良好家风	89.64%
	家庭氛围民主平等	72.06%
	形成勤俭持家、清正廉洁的家庭风尚	69.94%

上述数据显示，妇联组织已成为贯彻落实习近平总书记注重家庭家教家风建设重要论述精神和落实全国妇联“家家幸福安康工程”的重要助推力量。

（二）基于调查数据的实践探索与分析

1. 妇女组织在践行注重家庭家教家风建设中的作用

妇联作为群团组织，在团结妇女、引领妇女、凝聚妇女、组织妇女、发动妇女等方面有其独特的优势。这种优势为妇联组织在家庭、家教、家风领域开展工作奠定了良好的基础。嘉定区妇联积极探索在不同从业领域、不同利益诉求、不同兴趣爱好的妇女群体中灵活设置妇女组织，通过立体化、多层面的组织体系，最广泛地把广大妇女凝聚起来，充分发挥妇女组织在家庭家教家风建设中的独特作用，有效地延伸了妇联工作的“手臂”，取得了事半功倍的成效。

（1）嘉定区南翔镇和安亭镇全职妈妈妇联：嘉定区南翔镇和安亭镇全职妈妈人数众多，并且大多是有文化、有特长、有能力的妇女。全职妈妈妇联的成立使广大全职妈妈走出家庭，进入广阔的社会环境，身心因参加社会公益活动而日益健康，在提升自我形象、提升育儿能力、改善亲子关系、建设美好家庭等方面都取得了长足的进步。

（2）嘉定新城（马陆镇）“玉兰远香”广场舞团队妇联：“玉兰远香”广场舞团队妇联是妇联组织在“四新”领域（新领域、新业态、新阶层、新群体）建立妇联组织的重要举措。2020年，该团队妇联针对新冠疫情，自发推出线上“巾帼齐心抗疫情，携手共筑好家园——宅在一起跳”等妇女活动，既满足了人民群众对健康娱乐的需求，又有效地延长了基层妇联组织的工作“手臂”。

（3）南翔镇流动党员学堂妇联：该学堂妇联充分发挥妇联组织联系和服务妇女的桥梁纽带作用，开创“夏送清凉，冬送温暖”服务项目、“红书包爱心助学”行动、“困难妇女暖心走访”行动，还以党建带妇建，成立了“南翔集贸市场妇女之家”，受到福利院老人、困境儿童、困难妇女以及集贸市场女性个体户的欢迎和好评。

（4）外冈镇新农村妈妈女性素质提升团队：该团队致力于将社区自治、社区融合、志愿服务等常态化的工作机制融为一体，以形式多样的教育活动，引导妇女提高自身生活质量、提升家庭生活品质，同时营造出社区干净整洁、舒适宜居的生活环境。

类似上述这类妇女组织的还有嘉定区物业行业妇女联合会（上海市第一家在物业行业成立的妇联组织）、嘉定区新的社会阶层人士联谊会妇女联合会（简称新联会妇联）等。她们都在为妇联事业作出各自的贡献，并正在体现妇联工作“手臂”延伸理念所带来的效应。

2. **突出典型可使家庭建设达事半功倍之效**

家庭是社会的基本细胞，是一个人最重要的生活场所，家庭建设无论是对家庭本身，还是对社会的发展与稳定都有着极其重要的意义。嘉定区从典型案例中汲取家庭建设的智慧和力量，发挥先进家庭的示范、带头作用，引领广大群众提高对自身家庭建设的重视，促进社会工作在家庭建设方面的加强。

嘉定区徐行镇钱桥村的张金龙家庭四代同堂，一家人父慈子孝、兄弟相亲、婆媳和睦，被评为 2015 年“全国最美家庭”和 2016 年“第一届全国文明家庭”。回顾张金龙家庭和睦成长的轨迹，张家长期形成的“家庭会议”制度是其“最美家庭”和“文明家庭”建设的重要法宝。张家每月一次家庭会议雷打不动，每到这个时候，在外工作的儿媳子孙都会回到家里，10 多口人围坐在一起，共同回顾这一个月的成长与收获，一起分担这一个月遇到的风风雨雨。家庭成员之间其乐融融的氛围，温暖着每一位家庭成员。在长此以往的坚持下，家庭便成了凝聚人心的场所。

为增强民众家庭建设的意识和能力，嘉定区文明办和妇联组织充分发挥张金龙家庭的典型示范作用。自张金龙家庭被评上全国“最美家庭”和“文明家庭”后，张金龙便成为乡人推崇和敬重的“乡贤”，张金龙的品德和才学被左右邻居所传颂和效仿。为了带动更多的村民建设文明家庭，张金龙把自家的客堂间腾出来，创办了第一个“客堂汇”，把客堂间专门用来开展党史展览、村民议事、家风传承等宣教活动，“客堂汇”同时也成了百姓学习和交流的互助平台。在张金龙家的带动下，如今徐行镇已经有特色鲜明、深受村民喜爱的“客堂汇”共 33 家，每个“客堂汇”的活动都做到了有计划、有内容、有展示、有总结。“客堂汇”在帮助百姓解决身边各类问题的同时，也成了家庭建设、家庭教育、家风传承等宣教活动的重要阵地。

3. 从感性活动中获得理性认识是助力家庭教育的切入点

家庭建设的重点之一是家庭教育。今天，不少家长在家庭教育方面或多或少都存在着困惑与焦虑，家长的困惑与焦虑是家庭支持政策、家庭服务体系、学校教育改革、社会评价标准、社会价值体系等一系列综合问题叠加产生的问题。因此，实施父母成长计划、做实做强家长培训、发展壮大家庭教育指导等服务工作势在必行。为此，嘉定区妇联开展了一系列形式多样、内容丰富、紧贴家庭需求的家庭教育品牌活动。

(1)“我嘉爸爸”——对父亲参与家庭教育的实践探索。父亲在家庭教育中是不可替代的角色，对孩子的品格与性情都有着极为重要的影响。嘉定区妇联开展的“我嘉爸爸”系列活动，为我们提供了有益的借鉴。其中“带着爸爸一起来运动”亲子运动会，深受父亲和孩子们的喜爱。运动会将运动、知识、美感、快乐等元素寓于游戏，让爸爸和孩子在运动中认知世界万物，在运动、认知、感悟中获得快乐。亲子运动会已成为激发父亲参与和让更多孩子从埋首功课、沉迷网络游戏中走出来的“无上宝典”。父亲参与的受益者是孩子，是父亲，更是整个家庭。

(2)“亲子加油站”——为家长科学育儿的理念“加油”。家庭教育最重要的是品德教育。品德教育是如何做人的教育，它启于稚幼，发于童蒙，行于日常。这不仅需要家长身体力行，还需要家长用潜移默化的方式影响孩子。亲子加油站以亲子活动的形式，在活动中帮助家长培养孩子的良好品德，以春风化雨润物无声的方式，教会了父母筑牢孩子良好品行根基的方法。

(3)“我嘉书房”——让阅读成为提升家庭成长的基石。手捧书卷雅集，耳畔琴音缭绕，窗外小桥流水、亭台楼榭掩映于苍松翠竹之间，这是嘉定区一家 24 小时服务的“我嘉书房”的场景。这个自成体系、供需精准对接、配送服务完善的“我嘉书房”由菊园新区妇联首创，至今在全区已有 30 个点。“我嘉书房”良好的硬件设施、完善的软件服务，为嘉定区妇联组织推广家庭阅读提供了丰富充沛的资源保障。“家庭阅历汇”“读书会”等阅读活动也对孩子的身心健康和能力发展，以及对家长科学育儿能力提升起到了很大的促进作用。

4. 文化记忆是家风、村风传承的土壤

家庭和睦，家教得法，才能涵养出良好的家风。如何让好家风带动好村风，好村风带动好社风，嘉定区妇联借助寻找“最美家庭”这一活动品牌，区、街镇、居村三级妇联组织上下联动，形成全社会关注、寻找、学习“最美家庭”的活动高潮，同时开展形式多样、丰富多彩的好家规、好家训、好家风寻找活动。各级妇联组织举办的各类精彩活动，增强了家风传承的力度，夯实了村风文化的根基。

好家训要体现在日常生活中。江桥镇妇联以寻找“最美家庭”活动为载体，开展最美家庭、最美婆媳、最美孝心少年寻找活动，以及百姓传家宝征集活动，并通过家风家训传颂、家书家信诵读、家庭风采展示等活动，用老百姓身边的事、身边的人去影响身边的家庭。封浜村姚海亮母亲留给子孙后代的一本家训《母亲说》便是其中一例。《母亲说》看似絮叨，实则句句皆有大智慧，如“家庭不论是穷是富，有老有小，有说有笑，和睦相处，就是天伦之乐”“依靠父母生活，等于冰在融化，依靠自己生活，胜似阳光升起”等。这些经过姚家母亲总结出来的智慧，已经成为姚家一族无比珍视的传家宝。这本《母亲说》家训已在上海外滩档案馆展出，短短6000多字，让许许多多的家庭深切感受到家风建设的重要性。

嘉定新城（马陆镇）村民陈树忠，在20世纪60年代创作的上海方言红歌《六样机》——“人民公社办得好，亲眼看见六样机：拖拉机来抽水机，脱粒机来挖泥机，碎土机来压路机，只只机器力气大，看在眼里笑心里……”曾在全国风靡一时，成为一代人共同的文化记忆。今天，《新六样机》已经在陈树忠家族开枝散叶：“改革开放几十年，新式机器斜斜起，洗衣机、跑步机、空调机、榨汁机、吸尘机、电视机，芝麻开花节节高，日子越过越适宜。”《新六样机》同样受到了百姓的喜爱和追捧，它正以舞蹈、小品、说唱等各种形式在村居宅舍中传唱。这是对家风的继承和延续，更是对爱家爱国精神的传承，《六样机》已成为这个家族、村宅共同的文化记忆。

传承家风村风，喜闻乐见的形式很重要。中国的家风，起始于家又不止于家，“修身齐家治国平天下”说的就是这个道理。为了让千千万万家庭的好家风支撑起全社会的好社风，嘉定区各级妇联组织各显其能、各显所长，为我们展示了一幅幅接地气、顺民心、聚人心的朴素而温暖的画面。江桥镇妇联开展的“三尖”文化：足尖、舌尖、指尖，通过自下而上层层寻找和推荐，挖掘本土的“三尖达人”，通过民族舞蹈、传统美食、剪纸布艺等接地气的线上线下活动展示，增强了家庭对传统文化的了解，激发了家庭学习传统文化的兴趣和传承传统文化的热情；南翔镇妇联把檀园打造成家风家训主题公园，将家风文化内容与公园景观有机融合，做到“一步一景一知识”，融观赏、休闲、展览功能于一体，重点展示南翔镇优良的家风文化面貌，建立起弘扬家庭文明新风尚的阵地；嘉定镇街道妇联推出了“囡囡讲故事”活动，通过孩子们对辖区内最美家庭、退役军人家庭、名人故事、历史故事的讲述和演绎，增进了邻里沟通，促进了邻里和谐，为弘扬向上、向善、向美的社区风尚发挥了积极作用；工业区妇联开展的“识节气之美，赏文化之根”亲子主题活动，通过一首首或小诗或歌曲的创作，让孩子们很快就记住了那些鲜活的节气风俗，优美上口的节气小诗，欢快明亮的节气歌曲，已成为辖区内家庭热爱自然、尊重自然、与自然和谐相处的一道美丽风景；新成路街道妇联将好家风、好家训融入各个传统节日中，尤其是在七夕节这个传统节日举办的“爱满新城”活动，通过一系列充满趣味的寓教于乐、寓学于趣的互动游戏，为青年人树立了正确的婚恋观和家庭观；华亭镇妇联围绕“家庭和、家教优、家风正、家园美”四个方面，将家庭建设与村规民约有效结合起来，通过考核评比和激励机制，在村与村、户与户之间进行互看互学、互评互比，形成了“比学赶超”的生动局面；真新街道妇联通过寻找“最美家庭”活动，深入挖掘在家庭建设中各具特色的家庭，如“文明家庭”“书香家庭”“孝亲家庭”“最美阳台”等，以增强创建各类特色家庭的时代性、兴趣性、示范性和广泛性，推动家庭文明建设常抓常新。

三、结论与对策

（一）妇联组织在家庭家教家风建设中有其独特的优势

妇联自成立之日起，一直致力于推进和维护妇女的解放与进步、家庭的和睦与幸福、儿童的健康与成长。妇联的工作性质决定了其工作角色的定位：一方面，妇联的工作必须服从于党和政府工作的大局；另一方面，妇联的工作必须体现出服务于妇女儿童家庭的需求，这两方面必须归结为一点，即妇联要在团结、引领、服务妇女儿童和家庭时成为党和政府的桥梁和纽带。妇联组织这个名称及其形象因妇联的一桩桩、一件件服务于妇女、儿童和家庭的工作而走进了千家万户，由此妇联就与妇女、儿童和家庭产生了千丝万缕的联系，并形成了一种共生互动的关系。这种共生互动的关系为妇联在动员和组织妇女、家庭参与妇联开展的工作或活动时提供了诸多有利因素，产生并拥有了强大的号召力和丰富的组织资源，具体表现为将思想转化为行动时所体现出的高效率，这就是妇联组织开展工作的独特优势。嘉定区妇联能在并不长的时间内推出九大类共 22 项活动，并基本达到了体系化、系列化、日常化的规模和水准，正是得益于这种独特优势。充分认识和发挥这种独特优势，必将使妇联组织在各项工作的开展中得到更大的收获。

（二）家庭家教家风建设需要组织和引领

习近平总书记关于注重家庭家教家风建设的重要论述，从全局的战略高度揭示了家庭在党和国家事业中的重要地位和作用。

而要将这些寓意深刻的重要论述转化为老百姓自觉遵循的行为规范，对人民群众提供必要的理论和实践的指导则尤为重要。此次调查发现，参加过嘉定区妇联组织开展的有关家庭家教家风方面活动的家庭，以及认为这些活动有所帮助的家庭占比都很高。并且，参加过相关活动的家庭，其需求度和满意度显著高于没有参加过活动的家庭。这充分说明妇联组织在家庭家教家风方面的建设做与不做大不一样。同时，我们还发现妇联组织开展的活动基本做到了理论先导、精准施策、贴近生活，以及体系化、系列化、日常化，这正是家庭参与度与满意度达到高位的根本原因所在。家庭家教家风建设需要在科学的组织和引领下增加全社会的关注和参与。

（三）形成家校社协作共育的育人模式日显必要

此次调查发现，落实立德树人这一根本任务仍然任重道远。孩子良好道德品质的形成，与学校教育、家庭教育和社会教育是分不开的。因此，形成家校社协作共育的育人模式迫在眉睫、势在必行。首先，要明确家长在家庭教育中承担的主体责任，家庭教育要坚持育人为本、德育为先；其次，学校要发挥教育的主导作用，学校不能分数挂帅，不仅要花力气育分，更要花力气育人；最后，社会要发挥广泛性、多样性的特点，使立德树人落实到孩子生活的每一处当中，使我们培养的是能够担当民族复兴大任的时代新人，这才是家庭、学校、社会教育的根本。

（四）家庭建设需要相关政府部门及公共政策的支持

第一，在家庭建设方面。家庭建设是国家建设、社会建设的基础工程。新时代的家庭建设内容应以促进家庭和睦、促进亲人相亲相爱、促进下一代健康成长、促进老人老有所养为目标。如何让社会主义核心价值观与每一个家庭相结合，并把这些概念“活”化到日常生活中，不仅需要策略和智慧，更需要有关家庭的公共政策的支持。

第二，在家庭教育方面。首先，通过家庭教育立法来督促家长学习家庭教育知识、树立正确的家庭教育观念、掌握科学的家庭教育方法、提高家庭教育能力。其次，要重视父亲在家庭教育中参与作用的研究和实践。公共政策如何促进父亲在家庭教育中的参与作用，这是目前摆在家庭教育领域亟须探讨和解决的问题。最后，家校社要形成共育。如何让“家庭教育最重要的是品德教育”这一理念深入人心，这需要相关部门积极推动家校社形成合力，共同探讨家庭德育的路径和方法。

第三，在家风传承方面。家风传承既是家庭的私事，也是促进社会和谐的公事。如果以此为着眼点，家风传承就不仅是妇联、文明办等几个部门的专项工作，需要举全社会之力来推动家风建设的高质量发展。要达到这一目标，就需要政府发挥统筹、协调、指导、督促的作用。同时，社会的舆论导向、大众媒体、影视文学作品也应大力宣传好家庭、好家教、好家风的典型事例，为家庭、家教、家风建设提供专业的服务。

家庭、家教、家风三者是紧密关联、有机统一的整体。家庭和睦，社会才能和谐；家教良好，国家才有希望；家风淳朴，民族才有未来。嘉定区妇联组织用她特有的魅力，在学习并践行习近平总书记注重家庭家教家风建设重要论述精神的过程中迈出了坚实的步伐，给嘉定区65万户家庭增添了“家和”的力量。

【参考文献】

[1] 习近平 . 在2015年春节团拜会上的讲话［EB/OL］.(2015-02-17).http://

www.xinhuanet.com/politics/2015-02/17Zc_1114401712.htm.
[2] 习近平 . 在会见第一届全国文明家庭代表时的讲话［EB/OL］.(2016-12-15).http://www.xinhuanet.com/politics/2016-12/15/c_1120127183.htm.
[3] 习近平在同全国妇联新一届领导班子成员集体谈话时强调 坚持中国特色社会主义妇女发展道路 组织动员妇女走在时代前列建功立业［J］. 中国妇运 ,2018(11).

新时代家校共育的再认识

傅国亮*

摘　要：在教育面临新变革的今天，传统的只重学校教育的模式已不适应现有的教育需求和教育目标，家校共育日益显现其重要作用。家校共育是一项系统工程，需要特别明确其有多方面的内涵和任务：家校共育的根本任务是“立德树人”，价值主张是教育思想、培养模式、学校制度的三个根本性转变，教育主题是品德教育；家校共育需要政府来主导，“家长学校”是其主阵地和主渠道；同时，学校要担负起家校共育的主体责任。

关键词：新时代家校共育；立德树人；协同育人

在《中共中央关于制定国民经济和社会发展第十四个五年规划和二〇三五年远景目标的建议》第 44 节“建设高质量教育体系”这部分内容中，中央要求“健全学校家庭社会协同育人机制”。[1] 贯彻中央精神，探讨家校共育的根本任务与主要内容，完善新的协同育人模式，有利于培养“立志为中国特色社会主义奋斗终生的有用人才”。

“家校共育”的发端，可以追溯到 20 世纪 80 年代。有两个标志性的事件：（1）1980 年 9 月，北京成立首家省市级家庭教育研究会，标志着新中国现代家庭教育研究的起点。（2）1983 年，

---

* 傅国亮，教育部关心下一代工作委员会常务副主任、中国家庭教育学会原副会长，主要研究基础教育政策与家庭教育政策。

浙江宁波市石浦镇中心小学、广东广州市乐贤坊小学和上海市长治中学开办家长学校，标志着家庭教育工作首次进入中小学。这3所中小学家长学校“突破”体制和理念束缚，迈出了探索“家校共育”的第一步。中小学家长学校是探索“家校共育”的最初形式。

一、立德树人是家校共育的根本任务

“立德树人”是贯穿新时代学校教育、家庭教育、社会教育的根本任务，同样是家校共育的根本任务。“立德树人”，即以“德”育“人”。“德”的内涵是什么？有关教科书关于“德育”的定义是：有目的、有计划、有系统地对受教育者施加政治、思想和道德三方面的影响的活动。“德”的内涵通常指三个层面：政治层面、思想层面、道德层面。每个层面具有性质不同的教育主旨。

1. 政治层面：政治教育是形成学生一定的政治观念、信念和政治信仰的教育。

2. 思想层面：思想教育是形成学生一定的世界观、人生观和价值观的教育。

3. 道德层面：道德教育是形成学生一定的道德观念、情感、行为，促进学生道德发展的教育。

一般意义上，德育常讲三个层次的“德”，可称之为政治之德、思想之德、道德之德。

2017年8月，教育部颁布《中小学德育工作指南》，德育内容增加到五个层面。前三项仍是最基本的层面：（1）理想信念教育。讲信念，即政治教育。（2）社会主义核心价值观教育。讲价值观，即思想教育。（3）中华优秀传统文化教育。讲品德修养，即道德教育。实质上坚守了“德”的三个最基本的层面。

“立德树人”因何成为教育的“根本任务”？“把立德树人作为教育的根本任务”，重点是强调德育第一层面的教育，即政治教育。德育不论是本义的三个层面，还是后来发展的四个、五个层面，决定树人（育人）立场和性质的一定取决于第一层面的教育，即政治教育。政治之德，决定“树人”的立场和性质。

《中小学德育工作指南》明确“理想信念教育”层面的内容是：“开展马列主义、毛泽东思想学习教育，加强中国特色社会主义理论体系学习教育，引导学生深入学习习近平总书记重要讲话精神，领会党中央治国理政新理念新思想新战略。”[2]“培养学生对党的政治认同、情感认同、价值认同，不断树立为共产主义远大理想和中国特色社会主义共同理想而奋斗的信念和信心。”[3]政治教育，主旨是培养学生对党的政治认同，树立中国特色社会主义理想和信念。这是“培养什么人”的性质标志。当前，立德树人的“短板”是政治之德薄弱。其他层面的德育，都不决定人的立场和性质。没有政治之德，则没有树人之义。立德树人的重点在于立政治之德。

二、“家校共育”的价值主张

任何行为的背后都有理念和价值观主导。“家校共育”的定位，绝不仅仅是加强家庭教育的一项措施。“家校共育”的价值主张是：教育思想、培养模式、学校制度的三个根本性转变。

（一）教育思想的转变

“家校共育”，首先是教育思想的转变，是教育思想“小”与“大”的转变，“传统”与“现代”的转变。“大”与“小”的观念是指人们对教育的看法，到底是大教育观念还是小教育观念。以往没有实施“家校共育”，是因为小教育观念在人们的头脑中占据着主导地位，认为教育就是学校教育，学校教育就是教育的全部。作为一个现代教育工作者，一定要有现代教育观念。现代教育观念，从某种意义上说应该是一个大教育观念，应该包括学校教育、家庭教育、社会教育。如果只看到学校教育，或者认为教育就是学校教育，那就是小教育观念，或者说是传统教育观念，不是现代教育观念。教育思想“小”与“大”的转变，也就是“传统教育思想”与“现代教育思想”的转变。

1996 年，全国妇联、国家教委联合研制颁布第一个全国家庭教育五年计划，体现了国家教委承担起主导学校教育与家庭教育相结合的“主角意识”。2015 年 10 月 11 日，教育部面向教育系统颁布《关于加强家庭教育工作的指导意见》，做出了一个重要的决策，将指导家庭教育工作正式列入教育系统工作序列。这是彰显现代教育思想的一个标志性文件。

（二）培养模式的转变

2010 年，《国家中长期教育改革和发展规划纲要（2010—2020 年）》（以下简称“教育规划纲要”）提出六大改革。“改革”思路有重大变化：以往是以管理体制改革为核心，深化教育体制的改革；变化为以人才培养体制改革为核心，深化教育体制改革。人才培养体制改革，成为中国教育六大改革的第一改革。

关于人才培养体制改革，“教育规划纲要”提出学校、家庭、社会密切配合。人才的培养有多种因素，学校是主导，但必须实行学校、家庭和社会的合作共育。

“家校共育”本义上是研究人的培养模式转变的重大课题。

中国教育培养模式是“素质教育”模式，“家校共育”准确的定位应当是“素质教育”培养模式的组成内容，具有并体现“素质教育”的理念与特征。

（三）学校制度的转变

21 世纪初，教育部提出中小学建立现代学校制度。现代学校制度的主要特征和核心要义是什么？概括表述是：（1）党的领导，（2）依法办学，（3）民主管理，（4）三教结合。明确“三教结合”是现代学校制度的一个主要特征和必备条件。

传统的只注重学校教育的单一教育模式，已经不能适应新的人才培养需求和教育追求，迟早要被淘汰。学校有无“家校共育”，已成为现代学校与传统学校的分水岭。据了解，目前我国“三教结合”的模式大都处于“家校共育”阶段，这是我国人才培养体制改革的阶段性特征。我国 2007 年 5 月颁布的《全国家庭教育工作“十一五”规划》，已将主管“社区”事务的民政部确定为“规划”的责任部委。这为教育培养模式从“家校共育”走向“家校社共育”创造了国家层面的条件。

三、“家校共育”的政府主导

20 世纪 90 年代中期，全国妇联、国家教委颁布了第一个全国家庭教育五年计划，标志着政府出面承担起主导家庭教育工作的责任。这是家庭教育发展中的转折点，家庭教育由民间主导转变为政府主导。从此，家庭教育工作逐步走上政府主导、行政管理的发展轨道。

自 1996 年国家教委与全国妇联联合颁布第一个“全国家庭教育工作五年计划”之后，二十几年来，凡是有关“家庭教育”

的文件都是联合发文。教育系统内部形成的思维定式是“这是妇联的文件，教育只是挂名（配合）”。各省教育厅都是将“联合”颁布的文件，批给省教育厅办公室留档备查，这无异于“石沉大海”。

2015 年 10 月，教育部决定独家向教育系统颁布《教育部关于加强家庭教育工作的指导意见》（以下简称“指导意见”），正式向教育系统宣布两个指令：一是“各地教育部门要切实加强对行政区域内中小学幼儿园家庭教育工作的指导”；[4] 二是“强化学校家庭教育工作指导”[5]。其意义在于，教育部决定将指导家庭教育工作正式列入教育系统工作序列。

在教育部独家颁布“指导意见”后，各省教育厅不再将文件批给办公室留档，而是明确批示基础教育处“阅办”，纳入教育主渠道工作序列。从“指导意见”始，教育系统再也不能认为家庭教育工作“教育部没有文件，只是挂名”。教育部门和学校抓不抓家庭教育工作、开展不开展家校合作共育，性质就变了，不再是一个“认识”问题，而是一个“追责”问题。“指导意见”是一个标志性的文件，是教育系统加强家庭教育工作的新起点。

2020 年 12 月，教育部在一个议案公开答复中，明确 2017 年《中小学德育工作指南》已将家庭教育纳入学校德育工作体系。

四、“家校共育”的主阵地和主渠道

20 世纪 90 年代以来，关于家长学校的建设和发展，我国制定了 3 个重要的政策文件，为指导、规范和促进家长学校的发展奠定了基础。2011 年，全国妇联、教育部、中央文明办颁布《关于进一步加强家长学校工作的指导意见》，明确：“家长学校是宣传普及家庭教育知识，提高家长素质的重要场所，是指导推进家庭教育的主阵地和主渠道。”[6] 并对幼儿园、中小学、中等职业学校的家长学校工作任务指标做出规定，提出了实现“有挂牌标识、有师资队伍、有规定场所、有教学计划、有活动开展、有教学效果”的“六有”规范化建设目标。

近年来，家长学校的主要工作有6项：一是制定家长学校工作文件，促进家长学校体制机制建设。各地普遍重视家长学校工作的顶层设计，通过推动主渠道出台加强家长学校工作的文件、规划等。二是培训家长学校骨干队伍，为基层家长学校师资队伍建设奠定坚实基础。三是积极宣讲、授课及开展咨询，为广大家长树立正确育人理念服务。四是开展理论研究、编写教材，为家长学校工作提供理论支撑。五是推广家长学校工作典型经验，为基层家长学校工作规范化提供标准。六是创新家长学校的办学方式和内容，满足广大家长的个性化需求。

中小学家长委员会，设立的初衷是“参政”，即社会参与学校教育教学管理。随着形势发展，增加了参与家庭教育工作新任务。但如果离开家长学校主渠道，另起炉灶开展家庭教育工作，既浪费专业资源，又造成“政出多门”。

办好家长学校至少有两个要点：一是教材，二是教师。教材是家庭教育的精神食粮，教材重要的是家庭教育的观念，但问题是很多教材不是“研究”的结果，而是“编写”的结果，教育效果不佳。家长学校的教师要逐步“专业化”。现行的教师培训，多是“专题培训”，缺少“专业培训”。家庭教育指导者的培训，最大的缺陷是没有成为“政府行为”。

家庭教育师资建设，要制定“家庭教育指导者专业化‘标准’(体系)”，探索多样化家庭教育指导者培养模式，建立家庭教育指导服务人员资格认定制度。

培训和提高中小学教师家庭教育指导能力，已是国家要求。

2019年6月，中共中央、国务院印发了《关于深化教育教学改革全面提高义务教育质量的意见》，其中在“建设高素质专业化教师队伍”的内容中明确提出了要“不断提高教师育德、课堂教学、作业与考试命题设计、实验操作和家庭教育指导等能力”[7]。目前，当务之急是要研究制定颁布新的家长学校工作的指导意见，推进家庭教育工作进一步深入发展。

五、“家校共育”的教育主题

家校共育的教育主题是什么？习近平总书记2016年12月12日在第一届全国文明家庭表彰大会的讲话中明确指出：“家庭教育涉及很多方面，但最重要的是品德教育，是如何做人的教育。”[8]品德教育、做人教育是家庭教育的重点！这就是政策。什么是政策？政策就是重点。没有重点，就没有政策。这是家庭教育的重要政策，是国家意志。

2018年教师节时，习近平总书记在全国教育大会再次指出，要给孩子讲好“人生第一课”。习近平总书记讲的“人生第一课”，不是定量词，不是“第一节课”之意，不是“开学第一课”；而是定性词，是“第一重要的课”之意。这“第一重要的课”不是一节两节，而是贯穿人生的始终。习近平总书记讲的“人生第一课”，就是他明确家庭教育“最重要的是品德教育，是如何做人的教育”，就是帮助孩子扣好人生的第一粒扣子。

正如哲学家卢梭指出的那样，只有一门学科是必须教给孩子的，这门学科就是做人的天职。做人教育，就是人格教育。蔡元培也说过，决定人一生的不是学习成绩，而是健全的人格修养。

无数事实说明，人生中，人品优于能力，做人先于做事。人生真正的起跑线，是在家庭习得的良好习惯、性格和情绪。

当然，人品好，也不可能人人成为“成功人士”、名人、大人物。2019 年高考之后，有一条微信说：高考之后请你承认，这世上占 99% 的孩子，终将平凡。这是人生常态。但是拥有好人品，一定可以成为内心阳光、精神富有的人！积善之家，必有余庆；积德之人，必有福报。有言道：“人不能使自己伟大，但可以使自己崇高。”如雷锋是一个普通士兵，但是一个道德崇高的人，助人为乐，国人景仰。

古语云：道德传家，十代以上；耕读传家次之，诗书传家又次之；富贵传家，不过三代。

家庭教育最主要的使命是促进孩子的品德养成和精神成长，即“完善人格”。“完善人格”，就是完善做人教育。有人说，“教”在学校，“育”在家庭。

家庭在做人教育中具有天然优势和特殊作用。家庭的特点和优势是生活和教育合二为一的，家庭中有比学校教育更多、更重要的生活细节，可以刻骨铭心，塑造和形成孩子的个性、人格。做人教育应包括人品教育和人性教育，根基在于“人性的教育”。何为“人性”？人性即人所具有的正常的情感和理性。何为“教育”？教育就是提升人性。教育的本质是关注人的精神成长，最根本的是把人的本性中美好的情感发育起来。这就是习近平总书记多次讲话中强调的：帮助孩子“形成美好心灵”，即培育孩子向善的人性。习近平总书记倡导的是彰显人性的德育思想。

总之，家庭教育的第一任务不是知识教育，而是品德教育、做人教育。这是家庭教育中“应试教育”与“素质教育”的分水岭。

六、“家校共育”的责任主体

习近平总书记两次明确教育部门家庭教育的责任。一是习近平总书记 2016 年 9 月在北京市八一学校考察时的讲话中强调：基础教育是全社会的事业，需要学校、家庭、社会密切配合。学校要担负主体责任[9]。二是习近平总书记 2018 年在全国教育大会的讲话，实际上将教育部门列为家庭教育的首家责任单位。

同是重视家庭教育，教育系统则是以现代教育思想为指导，从人的教育培养角度，关注家庭教育，建构学校教育、家庭教育、社会教育三结合育人模式。

为什么学校是责任主体？学校是严密的组织，家庭是分散的个体，社区是松散的组合。因此，“家校共育”包括“家校社合作”，实施主体和责任主体只能由学校来承担。

当前，家庭教育发展面临新的机遇期。教育部门支持服务家庭教育要勇于担责、主动作为。学校要担负主体责任，与家庭、社会密切合作，共同为培养德智体美劳全面发展的社会主义建设者和接班人作出新贡献。

【参考文献】

[1] 习近平 . 关于《中共中央关于制定国民经济和社会发展第十四个五年规划和二〇三五年远景目标的建议》的说明［EB/OL］.(2020-11-03). http://www.xinhuanet.com/politics/2020-11/03/c_1126693341.htm.

[2] [3] 教育部关于印发《中小学德育工作指南》的通知［EB/OL］. (2017-08-17).http://www.moe.gov.cn/srcsite/A06/s3325/201709/t20170904_313128.html.

[4] [5] 教育部关于加强家庭教育工作的指导意见［EB/OL］.(2015-10-20).http://www.moe.gov.cn/srcsite/A06/s7053/201510/t20151020_214366.html.

[6] 全国妇联 教育部 中央文明办关于进一步加强家长学校工作的指导意见［EB/OL］.(2011-01-27).http://www.moe.gov.cn/jyb_xxgk/moe_1777/moe_1779/201105/t20110516_119729.html.

[7] 中共中央 国务院印发关于深化教育教学改革全面提高义务教育质量的意见［EB/OL］.(2019-07-08).http://www.moe.gov.cn/jyb_xwfb/gzdt_gzdt/s5987/201907/t20190708_389403.html.

[8] 习近平.第一届全国文明家庭表彰大会讲话［EB/OL］.(2016-12-15).http://www.xinhuanet.com/politics/2016-12/15/c_1120127183.htm.

[9] 新华社.习近平在北京市八一学校考察时强调 全面贯彻落实党的教育方针 努力把我国基础教育越办越好［EB/OL］.(2016-09-09).https://www.gov.cn/xinwen/2016-09/09/content_5107047.htm.

物质丰裕时代家庭劳动教育的价值取向 ①

班建武 *

劳动教育具有鲜明的时代性，只有扎根于具体的社会现实，才能充分彰显其时代活力和育人功能。对于当下中国而言，一个突出的社会现实是，中国正日益摆脱昔日的贫困状态而走向富裕。据报道，2019 年中国人均 GDP 已经超过 1 万美元。[1] 与此同时，中国城乡平均恩格尔系数（即居民家庭中食物支出占消费总支出的比重）已经下降到 28.2%（其中城镇为 27.6%，农村为 30.0%）。[2] 按照国际通行标准，恩格尔系数在 30% 及以下，就意味着那个国家的人民生活已经达到了所谓的最“富裕”水平。[3] 在这样一种新的物质前提下，我们的劳动教育，尤其是家庭劳动教育应该有新的价值追求。

一、劳动价值观的代际分歧

劳动价值观突出反映的是个体对劳动意义和作用的看法。而劳动之于个体的价值和意义往往会随着劳动形态的变迁以及社会发展历程的变化而表现出明显的时代特征。在生产力发展水平不

---

① 本文为国家社科基金教育学一般课题“从生产社会到消费社会：新时期劳动教育理论体系建构研究”（课题编号：BEA180111）的研究成果。

* 班建武，北京师范大学教育学部教育基本理论研究院副院长、教授，中国家庭教育学会理事。

高的传统社会中，劳动主要是以简单体力劳动为其基本形态，社会物质财富相对匮乏。在这种情况下，劳动对于人的压迫性是显而易见的。也就是说，在这种生产环境中，人们对于劳动价值和意义的认识，更多地是将其视为一种不得已而为之的谋生手段。随着现代生产技术的不断进步和生产力的不断发展，劳动的复杂程度不断增强，对人的智力因素的要求也不断提高。与此同时，伴随生产力不断发展，社会物质财富也急剧增多。在这种情况下，劳动对人的压迫性也随之降低。这就使得在物质财富相对丰裕甚至过剩的时代成长起来的年轻一代，对于劳动的意义和价值的看法，与其祖父辈相比，发生了很大的变化。

当前，两代人最重要的分歧就在于对劳动及其价值和意义的认识上的不同。比如，家长更多地是强调劳动的谋生功能，因而非常重视将孩子作为未来就业市场上有竞争力的劳动力或人力资本来培养。家长的诸多努力，比如尽可能地提高孩子的学习成绩、尽可能地培养孩子多方面的才能、尽可能地帮助孩子获得各种荣誉证书，都共同指向对孩子在教育领域中竞争力的提高，从而确保孩子将来能够在劳动市场上“笑傲江湖”。在这种以谋生为基本价值取向的家庭教育逻辑中，孩子更多地是被当作潜在的生产要素去培养和开发，而不是被视为一个活生生的、具体的人去培养。这种家庭教育逻辑在过去具有非常强大的亲子团结功能。也就是说，在物质匮乏的时代，将自我物化为现实生活中就业市场激烈竞争的劳动力，不断提高个体作为劳动力的核心竞争能力，从而实现一种身份的向上流动，获得相对富足的生活的人生诉求，特别容易在代际亲子之间达成共识。之所以亲子间能达成共识，一个非常重要的原因就在于这种诉求更多地建立在社会物质财富普遍匮乏、人们生活普遍贫困的基础之上，正是社会物质的匮乏导致了“生存需求成为压倒一切的需求”。这就为基于谋生的个体生存竞争能力的培养成为家庭教育最为看重的目标奠定了非常重要的社会物质基础。

但是，我们也越来越发现，当下家长如果还是主要从这样一种谋生的角度，简单地把孩子当作未来就业市场上的潜在劳动力去培养的话，那么，这种家庭教育逻辑将会越来越遭到孩子的内心抵制和行动反抗。曾经有媒体报道过这样一个事件，一个初二的孩子问老师：“我们家有十几套房子，我学会收租就够了，为什么还要学习？”孩子之所以会产生这样的疑问，一个非常重要的原因就在于家长灌输给孩子的教育目标是要其成为一个能够在就业市场上具有高度竞争力的职业人，从而保证其过上体面的生活，而这种家长眼中的体面生活基本上又是物质取向的。对于从小就生活在富足家庭的大多数孩子而言，他们从未有过物质匮乏的生活体验。哪怕是对于一些家庭相对贫困的家长而言，他们往往也秉持着一种“再苦也不能苦孩子”的教育理念，在物质方面几乎倾其所有满足孩子的需要。在这种情况下，对于孩子来说，当下的物质生活根本不是需要他们焦虑的问题。他们需要什么家长都会想方设法去满足，尤其是对孩子物质层面需要的满足。既然当下的物质生活已经能够很好地满足孩子的种种需求，那么他们为什么要再通过艰苦的学习去实现对于他们而言已经实现了的生活状态呢?

这实际上给家庭教育提出了一个非常严肃的教育课题：在一个物质丰裕的时代，劳动对于不愁吃、不愁穿的年轻一代而言，到底意味着什么？在物质匮乏时代，劳动具有非常明显的谋生功能。基于劳动谋生功能的教育逻辑在对孩子进行劳动教育上具有很强的动机作用。但是，谋生的重要性对当代孩子来说已经随着生活条件的不断改善而日益降低。在这种情况下，仅仅从劳动的谋生功能的角度来思考孩子的教育问题，显然已经失去了必要的物质前提，也失去了孩子对劳动合法性的内在认同。

实际上，劳动从来就不仅仅具有谋生功能。在很大程度上，劳动是人的本质力量得以对象化的必要实践，是体现人类本质存在的重要形式。过去劳动的谋生功能之所以被凸显出来，一个非常重要的原因就是生产力发展水平不够充分所带来的人的物质生活的窘迫性。这也使得本应体现人的主体意志的自觉、自由的劳动变成了一种对人的压迫的异己力量。在那个时代成长起来的家长，往往带有那个时代关于物质匮乏生活的痛苦回忆，因而天然地不想让自已的孩子再重蹈自己当年的痛苦。这种基于血缘的自然情感是无可厚非的。但问题在于，代与代之间由于生活物质条件的不同，两代人关于“苦”的认识存在着明显的代际区别。对于年长一代而言，苦更多地意味着物质的匮乏。但对于年轻一代而言，苦则更多指向自我精神世界的匮乏和存在感、意义感的缺失。如果在一个物质丰裕的时代，家长依然从其“物质之苦”来理解劳动的价值，那么这样的劳动对于现在的孩子而言，不仅很难有吸引力，而且也极易引发亲子之间在认识上的冲突。

二、新时代家庭劳动教育的价值选择

基于谋生的单一价值取向的家庭劳动教育显然已经不能很好地得到孩子发自内心的真正认同。这就需要家长必须自觉立足于物质丰裕时代劳动的新使命、立足于孩子成长世界的新状态、立足于完整劳动世界的新图景来思考家庭劳动教育的新价值，才能重新彰显劳动教育对当代孩子的价值和意义。这就需要家长必须主动做出变革。

首先，需要家长更好地理解和把握新时代劳动的本质内涵。从形式上看，劳动毫无疑问是一种物质财富和精神财富的创造活动。但从深层次来看，劳动更是体现人的主体性存在和意义性存在的重要方式。在马克思看来：“劳动首先是人和自然之间的过程，是人以自身的活动来引起、调整和控制人和自然之间的物质变换的过程。”[4] 这个过程在很大程度上也是自然的人化过程。人通过劳动实现了自然的人化，从而得以彰显其作为主体的人的能动性、主动性和创造性。人也正是在“人化自然”这样一种对象化实践中真正感受到自我本质力量得以实现时的价值感和意义感。尤其是随着生产力的不断提高和现代科技在劳动中的充分应用，社会物质财富将会不断丰富，劳动对人的压迫性也必将逐渐降低。在这种情况下，劳动的本体性功能将会得到充分释放。因此，家长在与孩子谈劳动时，不能像过去那样仅仅囿于谋生这一角度，而是要引导孩子看到劳动之于其人生价值、自我实现的重要意义，让孩子在劳动中充分感受到自我作为主体的人的本质力量的彰显，感受到劳动与自我的自觉、自由的类本质的内在一致性。唯有如此，劳动才能够真正在当代孩子中树立起内在的合法性。

其次，家长还应该主动通过劳动重塑孩子的关系性存在，从而不断丰富孩子的精神世界。一个不容忽视的现实是，繁重的学业和激烈的竞争使得大多数孩子的生活几乎围绕着家庭、学校、校外辅导机构这一单一的线条进行。这种生活样态导致孩子与大千世界、芸芸众生的关系不断窄化，这在很大程度上导致人的丰富性的不断丧失，从而不可避免地造成人的生命灵性的缺失、审美情趣的匮乏以及精神创造的萎靡。实际上，人的本质就其现实性而言，是一切社会关系的总和。在“一切社会关系总和”中最重要的、最根本的是生产关系。“人们在生产中不仅仅影响自然界，而且也相互影响。他们只有以一定的方式共同活动和互相交换其活动，才能进行生产。为了进行生产，人们相互之间便发生一定的联系和关系；只有在这些社会联系和社会关系的范围内，才会有他们对自然界的影响，才会有生产。”[5] 因此，在劳动中，既有人与人之间相互协作的合作关系，也有人与自然万事万物的和谐共生关系。可以说，一个人劳动的广度和深度，将会极大地丰富其关系的多样性，进而会提升其生命的厚度和深度。这实际上要求家长在思考家庭劳动教育的时候，不仅要考虑那些具体的生产性技能的培育，更要关注以劳动为核心所形成的人与自然、人与人、人与社会的复杂关系网络，帮助孩子通过劳动真正走进人的世界和物的世界，从而修复其与自然、社会的断裂关系，最终恢复孩子的生命灵性。

最后，家长应从生产与消费一体化的角度来帮助孩子构建对现实劳动世界的完整认识。劳动一端指向生产，另一端则连着消费。整个劳动世界主要是围绕着“生产—消费”这一链条展开的。长期以来，我们更多地是赋予生产以积极的意义，但对消费大多持否定的态度，甚至在某些情况下将压制自我的消费冲动看作是一种美德而予以褒奖。如果说，这种关于消费的认识在物质匮乏时代具有其现实合理性的话，那么对当前这样一个物质丰裕的社会而言，消费就不能仅仅从消极的角度去理解和把握。实际上，消费不仅仅意味着对特定劳动成果和社会财富的消耗，在很大程度上，它也是人的再生产和社会再生产得以维系的基本条件。前者确保了劳动力的可持续生产，而后者则确保了现代生产的动力和市场。可以说，没有劳动力的可持续发展、没有消费市场的扩大，现代生产将因缺乏必要的动力而陷入停滞。从这个角度看，消费也属于现代生产的必要环节。此外，消费在很大程度上也赋予了生产以目的，即人们生产归根结底不仅仅是满足于财富的积累，而是为了更好地改善和提升人的生活质量。没有消费的生产是很难想象的。因此，只讲生产不讲消费的劳动世界是不完整的。家长在面对孩子的消费时，要避免从传统社会的道德制高点去评价和要求，即简单地从节约、实用的角度去与孩子谈消费，而是要帮助孩子理解消费中所蕴含的生产意义。并且通过消费，让孩子去洞悉其背后复杂的生产链条和消费关系，从而使其对劳动的理解不仅仅停留在财富生产的维度，更深入到对劳动关系以及社会整体生产关系的全面把握。

总体而言，在当前这样一个物质丰裕的时代，家庭劳动教育必须从过去单一的谋生价值取向转向关乎人的存在这一根本性问题上来。家长最需要做的调整就在于，从自我关于物质匮乏时代的“苦”记忆当中解放出来，重新认识劳动在新时代所具有的新的意义和功能，才能更好地找到与孩子对话的基本前提。实际上，在当前这样一个社会财富日益丰富的新时代，家庭劳动教育就不能仅仅务劳动之“实”，更要务劳动之“虚”。家庭劳动教育固然要帮助孩子具有基本的劳动能力和劳动习惯，但其重点更在于帮助孩子形成正确的劳动观念，让孩子在劳动中不断丰富自我的关系性存在，从而找到自我价值确证的可能路径。

【参考文献】

[1] 薛新龙，黄海军 . 人均 GDP 一万美元时期的高等教育体系研究——以美日韩智四国为例［J］. 清华大学教育研究 ,2021 (1):97-105.

[2] 国家统计局 . 中华人民共和国 2019 年国民经济和社会发展统计公报［R/OL］.(2020-02-28).http://www.stats.gov.cn/sj/zxfb/202302/t20230203_1900640.html.

[3] 佟成军 . 我国恩格尔系数的计算与改进［J］. 开放导报 ,2019(1):104-106.

[4] 中共中央马克思恩格斯列宁斯大林著作编译局 . 马克思恩格斯文集 : 第 5 卷［M］. 北京：人民出版社 ,2009:207-208.

[5] 中共中央马克思恩格斯列宁斯大林著作编译局 . 马克思恩格斯选集 : 第 1 卷［M］. 北京：人民出版社 ,2012:340.

家庭教育中的国家干预

——为父母解读家庭教育促进法

刘永廷*

摘　要：科学、合理的家庭教育对未成年人的健康成长和国家发展具有重要意义。家庭教育促进法既满足了我国家庭对家庭教育指导的迫切需求，也为国家公权力介入家庭教育提供法律依据，并从法律上第一次对父母或其他监护人实施家庭教育提出了具体要求。家庭教育促进法划分了家庭、国家、社会在家庭教育各个方面的责任或职责，明确了各方的行为边界：家庭是家庭教育的实施主体，国家依法促进家庭教育工作，社会各方协同家庭教育的实施。同时作为促进法，家庭教育促进法在内容上表现出倡导性条款和规范性条款并存的鲜明特点。家庭教育促进法也有诸多的制度创新，如各级政府建立家庭教育工作联动机制、通过家庭教育指导机构来构建我国家庭教育指导系统、建立强制性的家庭教育指导令制度等，这些制度的落地尚需各地的具体实施。

关键词：家庭教育促进法；家庭教育；联动机制；家庭教育指导

家庭教育的重要性，即便时至今日，也并非每一个为人父母的人都明白。我国家庭教育领域存在一定的问题，现实生活中生而不养、养而不教、教而不当的现象屡见报端。康德认为人是唯

* 刘永廷，中华女子学院法学院讲师，主要研究家庭政策、家庭教育法、反家庭暴力法等。

一必须接受教育的被造物，“人只有通过教育才能成为人”[1]，显然，这里的教育不仅仅指学校教育。现代教育有三大支柱，即家庭教育、学校教育和社会教育。学校教育往往被人们认为是教育的关键，所以很多时候人们更关注学校教育而忽视家庭教育。有些父母本着不让孩子输在起跑线上的观念，绞尽脑汁托关系进名校或买高价学区房为子女择校，却不注意营造良好的家庭教育环境；有些父母认为子女只要学习好就行，其余的不用管，结果培养出一些高分低能的孩子，进入社会后无法应对各种人际关系，甚至不具备基本的生活自理能力；还有相当一部分父母奉行“打是亲，骂是爱”“不打不成才”等简单粗暴的教育理念，造成亲子关系的疏离，严重的甚至危及孩子的生命，引发家庭悲剧。如此等等，不一而足。实际上，家庭是人类的第一个教育场所，父母对子女潜移默化的影响和积极有意识的教育，是子女成年后立足于社会的重要力量来源。从宏观上说，一个国家整体上家庭教育的好坏，极大程度地影响着国家人口素质的高低，好的家庭教育对于国家的发展和强盛具有重要的战略意义。因此，家庭教育并非单纯的家庭私事，其对社会稳定和国家发展的影响也是不容忽视的。

2021 年 10 月 23 日，国家主席习近平签署第九十八号主席令，公布了《中华人民共和国家庭教育促进法》(以下简称家庭教育促进法)，自 2022 年 1 月 1 日起施行。国家通过专门立法的形式规范、促进、干预家庭教育，这意味着家庭教育将不再仅仅是囿于家庭内部的“家事”，而是事关公共福祉和国家命运的“国事”。本文试图通过对家庭教育促进法进行解读，方便父母或其他监护人了解家庭教育促进法实施后在家庭教育方面需要注意的事项，了解国家对家庭教育工作的指导和干预制度。

一、家庭教育促进法的重要意义

（一）满足家庭需要

家庭教育促进法的颁行，帮助家长认识到家庭教育的重要意义，满足我国家庭在家庭教育方面的迫切需求。习近平总书记非常重视家庭的作用，对家庭、家教和家风建设有许多重要论述。2016年12月12日，习近平总书记在会见第一届全国文明家庭代表时，强调“家庭是人生的第一个课堂，父母是孩子的第一任老师”，要求每一个家庭都承担起“帮助孩子扣好人生的第一粒扣子，迈好人生的第一个台阶”的重担。心理学研究发现，原生家庭对子女一生的影响是至关重要的，有些儿童之所以不能正常成长和发育，主要是因为受到成人的忽视和压抑。弗洛伊德认为一个人早期的经历决定其性格，奥地利心理学家阿德勒也曾说：“幸福的人一生被童年治愈，不幸的人一生都在治愈童年。”随着社会对人的要求越来越高，家庭教育也越来越被认为是一门科学，父母不是因为生育了子女就可以无师自通地教育好子女。父母教育理念的偏差和教育方式的不当，会给儿童带来不利影响，这样的例子不胜枚举。问题孩子的背后是问题父母、问题家庭。只有以科学的家庭教育理论指导父母的家庭教育行为，孩子才能真正健康成长。因此，家庭教育已经不再只是一件单纯的家庭私事，还需要科学的家庭教育理论指导，在必要时甚至需要政府或社会的干预和支持。家庭教育指导成为政府为社会提供的公共产品。

（二）为公权力介入家庭教育提供法律依据

现代社会，随着经济飞速发展和妇女广泛参与就业，传统家庭职能或者被瓦解，或者被商业化机构所取代，家庭功能也随之不断重构。福利国家和社会主义国家出现，国家公权力越来越多地介入家庭领域已经成为全球趋势。在中国，基于我国国家性质和“服务型政府”理念，由政府在一定程度上介入家庭教育已经成为迫切需求。在地方立法先行，积累了宝贵的促进家庭教育的地方政府经验后，制定全国性的家庭教育专门立法提上了日程。2021 年 1 月 20 日，全国人大社会建设委员会主任委员何毅亭，在向十三届全国人大常委会第二十五次会议汇报关于家庭教育法草案说明时表示，“对于家庭教育，既要充分尊重父母或者其他监护人的自主性，也要有效发挥政府、学校和社会的促进作用，必要时进行国家干预，从而加强家庭教育的价值引领和教育功能，促进未成年人德智体美劳全面发展”。在全面依法治国的新时代，法治政府建设是习近平法治思想的重点任务和主体工程，要用法治给行政权力定规矩、划界限已经成为应有之义。既然政府要介入家庭教育领域，那么，就应该科学合理地立法，合理划分家庭、国家、社会在家庭教育方面的责任，明确政府在家庭教育工作中的组织架构，给政府机构合理配置职权，要求在家庭教育工作方面负有职责的政府各个机关联动配合，确定政府在促进家庭教育方面的法律责任。家庭教育促进法的颁行，为政府依法行政、促进家庭教育工作提供了切实的法律依据。

（三）对父母或其他监护人实施家庭教育提出了具体要求

1. 定义了家庭教育的概念

家庭教育促进法第二条规定：“本法所称家庭教育，是指父母或者其他监护人为促进未成年人全面健康成长，对其实施的道德品质、身体素质、生活技能、文化修养、行为习惯等方面的培育、引导和影响。”这是第一次从立法层面明确家庭教育包括道德品质、身体素质、生活技能、文化修养、行为习惯等几个方面。

2. 父母或其他监护人实施家庭教育的具体要求

家庭教育促进法提出了家庭教育的总要求。第五条规定，“家庭教育应当符合以下要求：（一）尊重未成年人身心发展规律和个体差异；（二）尊重未成年人人格尊严，保护未成年人隐私权和个人信息，保障未成年人合法权益；（三）遵循家庭教育特点，贯彻科学的家庭教育理念和方法；（四）家庭教育、学校教育、社会教育紧密结合、协调一致；（五）结合实际情况采取灵活多样的措施”。这既是对家庭的要求，也是对相关政府机关和社会的要求。另外，还通过第二章专章规定了实施家庭教育的家庭责任，从多个角度对父母或其他监护人实施家庭教育提出明确的要求。值得一提的是，第十六条把繁杂多样的家庭教育内容归纳为培养家国情怀、道德品质和法治意识、科学创新意识和能力、身心健康、自我保护能力、劳动意识和习惯六个方面，提出积极正向的要求；第十七条则规定了实施家庭教育的具体方式，把以往存在于专业书籍和宣传材料中的科学合理的家庭教育方式放到法律中来。尽管这一章以倡导为主，但这正是促进法的特点，是立法者代表国家对家庭教育的倡导和建议。

二、家庭教育促进法的特点

（一）划分了各个主体的责任或职责

1. 父母或其他监护人负责实施家庭教育

父母对子女的抚养、教育和保护，是基于血缘关系而产生的理所当然的职责。家庭教育促进法第四条第一款规定“未成年人的父母或者其他监护人负责实施家庭教育”，从立法上明确了未成年人的父母或者其他监护人是实施家庭教育的责任主体。实际上这一款是对我国民法典第二十六条“父母对未成年子女负有抚养、教育和保护的义务”以及第一千零六十八条“父母有教育、保护未成年子女的权利和义务”的落实和执行。

2. 国家支持家庭教育

家庭教育促进法是促进型法律，促进型法律的最大特点是国家通过财政资金或政策倾斜对某类活动进行支持或扶持，如清洁生产促进法、中小企业促进法、民办教育促进法、农业机械化促进法、就业促进法、循环经济促进法、电影产业促进法等。家庭教育促进法除了在总则部分确定了我国政府做好家庭教育工作的组织架构，更在第三章以专章规定了“国家支持”的内容，为涉及家庭教育工作的各级政府和行政机关划定了职责范围。尤其要求各级政府结合本地实际，灵活确定家庭教育指导机构，可以采取政府补贴、奖励激励、购买服务等扶持措施，培育家庭教育服务机构。

3. 社会协同促进家庭教育

家庭教育促进法第四章用 10 条规定了社会协同的内容。在这 10 条中，有 5 条是涉及中小学校的，中小学校在家校共育方面已经积累了相当多的经验和做法，此次立法是对这些经验和做法的正式确认。除中小学校外，居委会、村委会、幼儿园、婴幼儿照护服务机构、早期教育服务机构、医疗保健机构、公共文化服务机构和爱国主义教育基地、新闻媒体等也都承担了一定的家庭教育协同义务。

（二）倡导性条款和规范性条款并存

法律规范是行为规范，主要是引导人们为或不为某种行为。为保障法律目的的实现，法律规范通常需要有“牙齿”，即需要有法律责任来制裁主体的违法行为，没有制裁，则如同老虎没有牙齿，法律的规范作用就发挥不出来。因此，一个法律规范通常由三要素构成，即假设、处理和制裁。但是家庭教育促进法存在相当多的倡导性条款，即只有假设和处理，却没有制裁，也就是说法律主体无须为其失范行为承担不利的法律责任。家庭教育促进法第二章“家庭责任”部分，总共10条，几乎全是倡导性的。而对国家机关、社会协同机构以及家庭教育服务机构，则都规定了相应的法律责任。之所以有这样的安排，是由家庭教育促进法的性质决定的。家庭教育促进法是促进型法律，政府对家庭教育工作承担的是指导职责，通常并不能对家庭教育进行直接干预或取而代之，而是借助专业机构引导父母或其他监护人采用科学的方式对未成年人实施家庭教育，因此政府不能强迫父母或其他监护人必须怎样、不能怎样，只能使用柔性方式进行倡导、引导。当然，如果父母或其他监护人使用家庭暴力对未成年人实施家庭教育，则会因为违反我国的未成年人保护法、反家庭暴力法，甚至是刑法等，而被有关机关制裁。父母或其他监护人如果拒绝、怠于履行家庭教育责任，或者非法阻碍其他监护人实施家庭教育的，根据家庭教育促进法第四十八条的规定，未成年人住所地的居民委员会、村民委员会、妇女联合会，未成年人的父母或者其他监护人所在单位，以及中小学校、幼儿园等有关密切接触未成年人的单位发现后可以对其进行批评教育、劝诫制止，必要时可督促其接受家庭教育指导。

三、我国家庭教育促进法的重要制度创新

（一）建立家庭教育工作联动机制

法国著名公法学家莱昂·狄骥早在1913年就在《公法的变

迁》一书中敏锐指出，随着经济的发展，“家庭已经无法满足人的需要。以许多人的共同努力为基础的全国性的组织才能满足日益增长的需要”。[2] 鉴于家庭教育的特殊性，需要多部门协作才能共同促进家庭教育水平提升，因此我国家庭教育促进法第八条要求政府建立家庭教育工作联动机制。根据家庭教育促进法第六条和第八条的规定，联动机制应该是在各级政府指导下，由区、县妇儿工委负责组建联动机制，有教育行政部门、妇联、公安、民政、司法行政等政府部门协作参与，人民法院、人民检察院在职能范围内进行配合，共同做好家庭教育促进工作。从立法意图上看，立法者是希望通过联动机制高效、综合解决家庭教育工作中存在的问题，为有需要的家庭提供便利的家庭教育指导服务，进而改善家庭教育环境，为儿童健康发展保驾护航。

（二）授权各地政府灵活确定本地的家庭教育指导机构

从法律内容看，家庭教育指导机构将来应该主要是事业单位，但是考虑到我国各地经济发展不均衡，设立有统一要求的家庭教育指导机构并不现实，因此，家庭教育促进法授权县级政府结合本地实际情况和需要，通过多种途径和方式确定家庭教育指导机构。家庭教育指导机构的职责主要是对辖区内社区家长学校、学校家长学校及其他家庭教育指导服务站点进行指导，同时开展家庭教育研究、服务人员队伍建设和培训、公共服务产品研发（家庭教育促进法第二十八条）；并对父母或者其他监护人履行家庭教育责任存在一定困难的家庭，与相关部门协作配合，提供有针对性的服务。可以看出，家庭教育指导机构主要是代表政府承担具体的家庭教育指导工作，并在符合一定条件的情况下对有需求的家庭提供家庭教育指导服务。当然，作为新确立的公共服务机构，其具体运行还需要地方立法予以细化和明确。

（三）设立强制性的家庭教育指导令制度

家庭教育促进法第四十九条规定：“公安机关、人民检察院、人民法院在办理案件过程中，发现未成年人存在严重不良行为或者实施犯罪行为，或者未成年人的父母或者其他监护人不正确实施家庭教育侵害未成年人合法权益的，根据情况对父母或者其他监护人予以训诫，并可以责令其接受家庭教育指导。”笔者认为这条规定即为家庭教育指导令制度的法律依据，基本上搭起了我国家庭教育指导令的制度框架。从主体上看，只有公、检、法三家机关才是家庭教育指导令的发出者；从适用情形看，家庭教育指导令只适用于涉案未成年人存在严重不良行为或者实施犯罪行为，以及未成年人的父母或者其他监护人不正确实施家庭教育侵害未成年人合法权益这两种情形。尽管现有规定比较笼统，还需要在诸多方面依赖于各地立法的细化，使之更具可操作性，但无论如何，强制性的家庭教育指导令制度的确立，为国家干预存在严重家庭教育问题的个体家庭提供了法律依据。

四、总　结

玛利亚 · 蒙台梭利在《童年的秘密》一书中曾说：“文明的进步不是依靠个人的努力或人的心灵的炽烈热情。它的进步就是一种无形的机器的推进。这种推动力是不屈不挠朝前运动的巨大的社会力量，它不受个人情感的影响。”[3] 当今中国，“法不入家门”的传统观念逐渐被摒弃，历史车轮滚滚向前，我国先后制定了未成年人保护法、反家庭暴力法以及一系列的教育法，对家庭在教育和保护未成年人方面提出了一定的要求。当国家和社会达成共识，认为家庭教育对于未成年人的健康成长至关重要，家庭教育已经成为社会问题，需要国家和专业机构的引导，需要国家通过财政手段和机构建设来为家庭教育指导工作提供支持时，家庭教育方面的立法就应运而生了。

2022 年 1 月 1 日，家庭教育促进法在全国范围实施，这是值得载入史册的立法。相信在党和政府的大力支持下，我国的家庭教育工作将会取得深层次的进步。尽管家庭在家庭教育方面的责任倡导多于规范，但是这种法律倡导意义重大，其背后是各级政府将采取常态化措施促进父母或其他监护人实施家庭教育，由专门的家庭教育指导机构负责家庭教育指导工作，人们在家门口就可以接受社区家庭教育指导服务站的家庭教育指导服务，专业的家庭教育服务机构在全国范围遍地开花，全社会都被动员起来，各负其责。当然，这一切的实现不是一蹴而就的，立法规定的切实落地，是一个新的挑战。各地应在家庭教育促进法搭建的制度框架下，结合本地实际情况，进行制度创新，确定适合本地的家庭教育指导模式。今后在很长一段时间内，我国各地的家庭教育工作可能发展不均衡，但无论如何，在法律支持下，我国的家庭教育工作都将更上一层楼。

【参考文献】

[1] 康德 . 法的形而上学原理——权利的科学［M］. 沈叔平，译 . 北京：商务印书馆 ,2009.

[2] 狄骥 . 公法的变迁［M］. 郑戈，译 . 北京：商务印书馆 ,2013 :6.

[3] 蒙台梭利 . 童年的秘密［M］. 单中惠，译 . 北京：中国长安出版社 ,2010:257.

我国家庭建设的现状调查与政策启示

——基于全国13省区市问卷分析①

罗 爽 王 东*

摘 要：2019年，全国13省区市家庭建设状况问卷调查的结果分析表明，综合家庭关系、家庭观念、家庭教育、家风建设等方面的情况，我国家庭建设呈现出总体状况较好的特点，同时也面临一系列新问题与新挑战。据此，建议在实施“家家幸福安康工程”这一家庭建设政策的过程中，应将促进夫妻和睦、提升多孩生育意愿作为家庭文明建设和家庭服务工作的重要目标；明确家庭教育工作在家庭建设工作中的核心地位，大力实施家庭教育支持行动；将加强中华优秀传统文化和家规家训的传承、促进社会主义核心价值观进家庭作为家风建设工作的重点内容；对家庭建设水平相对薄弱的地区和人群予以重点关注、精准施策。

关键词：家庭建设；家庭教育；家风建设；政策执行；“家家幸福安康工程”

---

① 本文系研究阐释党的十九届四中全会精神国家社会科学基金重点项目“构建覆盖城乡的家庭教育指导服务体系研究”（课题编号：20AZD074）的研究成果。

* 罗爽，首都师范大学教育学院副教授，中国家庭教育学会理事，主要研究教育政策与法律、家庭教育、教育学原理。

王东，首都师范大学教育学院副院长、教授，主要研究教育社会学、家庭教育。

党的十八大以来，习近平总书记关于家庭家教家风建设作出了一系列重要指示。特别是在 2018 年 11 月 2 日同全国妇联新一届领导班子成员集体谈话时指出，做好家庭工作，发挥妇女在社会生活和家庭生活中的独特作用，发挥妇女在弘扬中华民族家庭美德、树立良好家风方面的独特作用，以小家庭的和谐共建大社会的和谐，形成家家幸福安康的生动局面，是党中央交给妇联组织的重要任务。[1] 为深入贯彻习近平总书记的重要指示精神，全国妇联于 2019 年 5 月颁布了《“家家幸福安康工程”实施方案》，提出要以家庭文明创建、家庭教育支持、家庭服务提升、家庭研究深化四大行动为重点，统筹和创新推进妇联家庭工作。这一政策方案展现了妇联系统对家庭领域新情况、新问题的认真研究和对人民群众新需求、新期盼的积极回应，为新时代家庭建设工作的开展指明了方向、提供了抓手，其实施对于促进家庭和谐发展、助力社会建设具有重要意义。

“家家幸福安康工程”这一家庭建设政策颁布后还面临在实践中如何具体推进的问题，尤其是政策实施的重点、策略和方法问题，而这一问题的解决有赖于对我国家庭建设现实状况的充分把握和深刻理解。本文结合 2019 年全国 13 省（自治区、直辖市）家庭建设状况问卷调查的结果，从家庭、家教、家风三个方面揭示和分析我国家庭建设的现状与问题，并在此基础上提出新时代家庭建设政策执行的若干建议。

一、数据来源

为了解家庭建设的现状，首都师范大学“全国家庭建设课题组”于 2019 年 10—11 月在全国 13 个省（自治区、直辖市）开展了面向家长的问卷调查，调查内容主要涵盖家庭关系、家庭观念、家庭教育、家风建设等相关情况。本次调查的对象为3—16岁孩子的家长，采取通过所在学校发放问卷的方式抽取被调查家长。在各省的抽样方案中，规定抽取1个副省级城市和1个地级城市，每个城市抽取城乡各5所学校，涵盖幼儿园、小学、初中、高中和中等职业学校类型，每个年级随机抽取1班的家长填写问卷。经过数据清理，纳入本次统计的调查问卷为23669份。调查地域涵盖了东北、西北、西南、华南、华东、华北、华中7个地区的13个省、自治区与直辖市，不同地区的样本数量相当，且与该地区人口占全国所占比例一致，因此调查区域的选择具有一定的代表性（见表1）。

表1　调查地区分布

地区	入样省份（简称）	填答人数（人）	比例（%）
东北	黑、辽	3045	12.9
西北	陕、宁	2955	12.5
西南	川、贵	3125	13.2
华南	粤	2823	11.9
华东	沪、赣、鲁	4288	18.1
华北	京、蒙	3530	14.9
华中	鄂	3903	16.5

从调查对象的文化程度、民族构成、政治面貌、职业构成等个人特征来看，被调查者的来源多样、构成多元。

表 2　调查对象基本情况

特征	类别	比例(%)	特征	类别	比例(%)
文化程度	小学及以下	8.31	职业构成	机关、企业、事业单位的管理者	3.54
	初中	39.33		企业经理人员	2.34
	高中、中专、技校	21.91		私营企业主	4.58
	大专	14.3		专业技术人员（含：教师）	7.22
	大学本科	14.31		公务员	1.37
	硕士研究生	1.54		企业事业单位职员、办事员	9.13
	博士研究生	0.31		个体从业人员（个体工商户）	13.53
民族构成	汉族	76.01		商业服务业员工	6.04
	其他民族	23.99		产业工人	4.02
政治面貌	群众	75.62		农业劳动者	15.82
	中共党员	11.28		无业、失业、半失业状态	0.59
	共青团员	9.43		全职母亲或全职父亲	10.27
	无党派人士	3.33		离退休人员	0.43
	民主党派	0.36		其他	15.81

另外，从被调查者家庭结构方面的信息来看，大部分家庭中的夫妻属于初婚；将近半数家庭目前只有一个孩子，但也有半数家庭有 2 个及以上的孩子，这反映出全面两孩政策的落地；家庭人数多集中在 3—6 人，以核心家庭和主干家庭为主。

二、我国家庭建设的现状与特点

（一）家庭关系整体和睦，婚姻自主、男女平等、家庭养老孝亲等观念已基本树立

1. 家庭关系总体较为和睦

家庭关系是夫妻、亲子、兄弟姐妹等家庭成员在互动中形成

的人际关系。夫妻关系和亲子关系是中国家庭关系的核心与主要表征。根据本次调查的结果，不论是夫妻关系还是亲子关系，都有半数以上的被调查者表示较为和睦，这表明我国家庭关系的和谐程度较高。

2. 家庭成员的婚姻自主意识较强，对婚姻珍视程度较高

婚姻观直接影响婚姻行为的价值取向，对家庭的和谐稳定具有重要影响。调查主要从择偶的自主权和对离婚的态度两个角度予以考察。近六成的被调查者表示赞同“择偶时自己做主”，表明其具有较强的婚姻自主观念。同时，有近半数的被调查者明确表示不赞成“将离婚看作解决婚姻危机的办法”，只有不到30%表示赞同，这说明多数被调查者是比较珍视婚姻的。

3. 性别平等观念已基本树立

性别平等观念是正确处理家庭两性关系的重要基础，也是我国一直倡导的两性观念。关于对“‘男主外，女主内’是相对理想的家庭分工模式”这一问题，持“赞同”的被调查者比例为31.6%，持“一般”态度的比例为34.1%，明确表示“不赞同”的比例为34.3%。这说明大多数家庭并不认同传统性别观中男性的优势地位，性别平等的观念已基本树立。

4. 家庭的养老功能受到普遍肯定，但养儿防老的传统观念在淡化

家庭养老观可集中反映家庭成员对家中老年人的态度，是影响少子老龄化社会和谐家庭建设的重要因素。调查主要从人们对家庭传统养老功能的态度和对于养儿防老这一观念的认同程度两个方面予以考察。对于“家庭养老不会过时”持“不赞同”的比例为24.3%，比较赞同和完全赞同的比例分别是49.8%和26.0%；对于“养儿防老已经过时”持“不赞同”的比例为40.5%，比较赞同和完全赞同的比例分别是40.9%和18.6%。整体而言，人们对于家庭养老功能依然持肯定态度，但养儿防老的观念在淡化，有超四成的不赞同意见。

（二）家长高度重视家庭教育，家庭教育的德育核心功能逐步得到认同

1. 家长已意识到家庭教育的重要性，并认识到家庭教育的核心是德育

根据问卷调查的结果，对于“家庭教育的核心是思想道德教育”这一观点有 29.17% 的家长表示很赞同，有 58.91% 的家长表示赞同，有 10.83% 的家长表示一般，有 0.81% 的家长表示不赞同，有 0.28% 的家长表示很不赞同；对于“家庭教育比学校教育更重要”这一观点，有 23.5% 的家长表示很赞同，有 51.53% 的家长表示赞同，有 19.51% 的家长表示一般，有 4.86% 的家长表示不赞同，有 0.6% 的家长表示很不赞同。可见，对这两个观点持明显积极态度的占比分别为 88.08% 和 75.03%。这说明绝大多数家庭已经意识到家庭教育的重要性，并认同家庭教育的核心功能是德育。

2. 绝大多数家庭都自觉地将社会主义核心价值观，尤其是爱国主义教育融入家庭教育

社会主义核心价值观中规定了个人应具备的道德品质，包括爱国、敬业、诚信、友善。调查结果显示：有 80% 以上的家庭会将“从小教育我，要爱祖国”“从小教育我，要热爱社会主义”“从小教育我，要热爱中国共产党”“从小教育我，干一行爱一行”作为家庭教育的内容；有 90% 以上的家庭会将“从小教育我，要乐于助人”“从小教育我，答应别人的事一定做到”作为重要的家庭教育内容。可见，绝大部分家庭已将社会主义核心价值观融入家庭教育之中。同时，有 90% 以上的家庭对“新中国的历史值得铭记，会引导孩子向革命英雄人物和时代楷模学习”“中华民族五千年文明史让人自豪，会鼓励孩子学习历史，以史明志”“和

孩子一起关注国家大事，对中国未来的发展充满信心”等爱国主义的家庭教育行为表示认同，这表明爱国主义教育得到广大家庭的普遍重视，已成为家庭教育十分重要的组成部分。

3. 家庭普遍重视对子女进行社会公德教育

在家庭社会公德教育现状调查中，有 91.43% 的家庭会经常教育孩子在公共场合中不乱扔垃圾，只有 1% 左右的家庭没有这种意识；有 90.6% 的家庭会经常教育孩子们节约用电，占比不到 1% 的家庭没有这种意识。可见，家庭普遍重视子女的社会公德教育，大多数父母都会自觉履行对子女开展社会公德教育的职责，以帮助子女更好地参与社会活动，成为合格的社会人。

（三）家风建设稳步开展，中华优秀传统文化和家规家训得到自觉传承，社会主义核心价值观入家风受到广泛认同

1. 家庭普遍重视和自觉传承中华传统文化

传承中华优秀传统文化是家风建设的应有之义。本次调查以中秋节和春节两大传统节日的习俗实施作为测量指标，发现：有 74.29% 的家庭表示“中秋节我家一定吃月饼”，有 74.12% 的家庭表示“中秋节我们家一定会吃团圆饭”，有 48.71% 的家庭表示“中秋节我们家一定会赏月”；有 84.88% 的家庭表示“春节我们家庭成员一般都要团圆”，有 74.16% 的家庭表示“春节我们家一定会贴春联”，有 67.22% 的家庭表示“大年三十晚上我们家一定会守夜”。这表明，大多数家庭对传统文化高度重视，仍然继承发扬着传统的节日习俗。

2. 家庭普遍重视家规传承

家规传承是家风建设的关键方法和路径。在调查问及不同家庭“父母教育您的一些话，您是否经常也告诉您的孩子”时，有 60.89% 的家庭表示会经常说，有 33.92% 的家庭表示会偶尔说，

有 5.19% 的家庭表示很少或不会说。可见，有 94.81% 的家长都会将老一辈给予的教化、训诫传递给下一代，在一定程度上表明家庭对家规传承的普遍重视。

3. 家庭普遍支持将社会主义核心价值观融入家风建设

积极融入社会主义核心价值观是党和国家对家风建设提出的重要要求。调查结果显示，有 70.6% 的被调查者高度认同将社会主义核心价值观纳入家风，持“中度认同”和“低度认同”的比例则分别为 21.8% 和 7.6%。其中，有 90% 左右的家庭认同将爱国爱家、诚实守信、孝老爱亲、夫妻和睦、勤劳节俭纳入家风建设之中；有 80% 左右的家庭认同将民主平等、绿色环保纳入家风建设之中。可见，将社会主义核心价值观融入家风建设得到了较为普遍的认同。

三、我国家庭建设的问题与挑战

家庭生活满意度表明了被调查者对自身家庭建设水平的认知与态度，可在一定程度上反映当前家庭建设的整体水平。当被问及“总体而言，您对家庭生活的满意度”这一问题时，表示“非常满意”的被调查者占比较少，为 14.4%；表示“比较满意”的占比最多，为 52%；表示“不太满意”的占比为 33.5%。这表明被调查者对家庭生活的满意度一般，家庭建设还存在较大的进步空间。本次调查发现的亟待解决和回应的家庭建设新问题、新需求主要如下。

（一）夫妻关系和亲子关系有待改善，二孩生育意愿不高

1. 夫妻关系和与子女的关系仍有较大的提升空间

根据夫妻关系融洽程度、与父母关系的紧密程度以及与子女

沟通畅通程度的调查结果，有超过一半的被调查者与父母之间属于“紧密”状态，只有 19.6% 的被调查者与子女之间的关系属于“一般”状态；相较而言，超过半数的被调查者的夫妻关系和与子女的关系属于“一般”状态。这表明，夫妻关系和与子女的关系的融洽程度有待提高。

2. 生育意愿普遍较强，但二孩或多孩的生育意愿并不强烈

有接近一半的家庭认为，一定要有孩子才完美，仅有 6% 左右的家庭不认同有孩子的家庭才完美。可见，我国绝大多数家庭对待要孩子还是持正面态度，具有较为强烈的生育意愿。然而在二孩或多孩的生育意愿方面，有 24.9% 的被调查者没有生育多个孩子的意愿，表示“一般”的有 38.5%，表示“赞同”的比例为 36.6%。由此观之，家庭的主流态度是接受要多孩，但生育意愿并不十分强烈。

（二）家庭教育问题是家庭面临的最大困扰

1. 家庭教育问题是制约家庭生活满意度的重要因素

当被问及对 11 项家庭生活问题的担心程度时，表示非常担心或比较担心的人最多的三个问题依次是：孩子上不了一个理想的学校（61.27%）；家人的身体健康（55.59%）；房价太高，住房条件难以改善（42.9%）。相应“孩子不听父母管教”所反映的亲子关系问题相比其他人际关系类型更多地得到了被调查者的担心；而“与配偶经常吵架或闹别扭”“邻里关系不睦”这类成人间的人际关系问题则是大部分被调查者都较少担心的问题。这表明，家庭教育问题是大多数家庭面临的核心问题，是制约家庭生活满意度的重要因素，应成为未来家庭建设重点关注的问题。

2. 家长仍将智育放在家庭教育最重要的地位，对子女教育产生焦虑

在本次调查中，对于“孩子的学习成绩是第一位的”观点持明显积极态度的家长占比为 35.34%，持明显消极态度的占比为 28.38%；78.72% 的家长对“为了孩子的学习，我愿意倾尽所能”这一观点表示积极态度。这表明虽然有部分家庭开始反思和批判“学习至上”的家庭教育观，但将智育放在最重要的地位仍是家庭的主流观点。同时，87.68% 的家长对“望子成龙是每对父母的心愿”这一观点持积极肯定态度；52.88% 的家长对“考上一所好的大学才有前途”这一观点表示支持。这表明家长们对子女抱有较高的期待值。对于“不让孩子输在起跑线上，要比别人早一点学，比别人多学一点”这一观点，持明显积极态度的家庭占比为 58.31%，反映出家长们所存在的教育焦虑。

3. 如何促进孩子智力、品德及综合素养的发展是家庭教育的最大困扰

根据问卷调查的结果，对于“帮助孩子提高学习成绩”事项，91.92% 的家长有不同程度的压力；对于“培养孩子养成良好习惯”事项，78.5% 的家长有不同程度的压力；对于“培养孩子良好的性格”事项，74.05% 的家长有不同程度的压力；对于“培养孩子某些关键能力”事项，82.72% 的家长有不同程度的压力。相较而言，对于“与孩子建立亲密、和谐的亲子关系”“孩子的日常起居照料”“与学校老师的沟通”“完成学校要求家长配合的工作”等关于亲子关系和家校关系的事项，超过一半的家长都认为没有压力。可见，如何促进孩子智力、品德及综合素养的发展是当今家庭教育面临的最大困扰。同时，有接近五成的家长对于处理亲子关系和家校关系感到压力，也表明该问题不容忽视。

（三）传统文化逐渐淡化、家规传承效果不佳等家风建设问题有待解决

1. 传统文化逐渐淡化

虽然调查显示大多数家庭仍遵循着吃月饼、吃团圆饭、贴春联等传统节日习俗，但不容忽视的是，有近 30% 的家庭并不重视中秋节吃月饼和吃团圆饭，更有超过五成的家庭不会将赏月作为中秋节的必备项目，有 10% 左右的家庭不会再贴春联、守夜、阖家团圆。这表明，不少家庭对于传统文化习俗不是一味地延续，而是在此基础上有所选择，传统文化在一定程度上正在逐渐淡化。

2. 家规传承的效果不佳

虽然调查表明家规传承得到绝大多数家庭的普遍重视，但当被问及“在您家里是否有一些是从上一辈一代一代流传下来的规矩”的时候，有 13% 的家庭表示“非常多”，有 28.67% 的家庭表示“比较多”，仍有 38.03% 的家庭表示“比较少”，有 8.8% 的家庭表示“特别少”，有 11.51% 的家庭表示“几乎没有”。可见，世代传承下来的家规在超过一半的家庭中处于匮乏状态，家规传承的效果并不尽如人意。

（四）家庭建设不平衡问题有待解决

1. 家庭关系呈现较为明显的城乡差异和代际差异，并与家庭成员的文化程度及家庭经济收入呈正相关关系

根据家庭关系的差异比较结果，夫妻关系融洽程度、与父母关系紧密程度、亲子沟通畅通程度在城市和农村之间、不同年龄段人群之间的差异是显著的，表现为城市的家庭关系整体要好于农村，“80 后”和“90 后”的家庭关系要优于“60 后”和“70

后”。同时，夫妻关系融洽程度、与父母关系紧密程度、亲子沟通畅通程度均与家庭成员的文化程度和家庭经济收入呈正相关关系，即家庭成员的文化程度越高，家庭收入越高，其家庭关系就越融洽和紧密。

2. 家庭观念总体而言存在较为显著的地区差异、城乡差异和代际差异，且在不同文化程度和经济收入水平的家庭之间存在显著差异

除养老观不存在明显的地区差异、二孩或多孩的生育意愿不存在明显的地区差异和城乡差异以外，婚姻观、生育观、性别平等观、家庭养老观等其他方面的家庭观念在不同地区之间、城乡之间、代与代之间、不同文化程度和经济收入水平的家庭之间存在显著差异。例如，在婚姻观方面，东部地区、城市地区的婚姻观念比西部地区和农村地区更民主和开放，“60 后”“70 后”“80 后”“90 后”婚姻观念的民主和开放程度依次递减，婚姻观的民主开放程度与家庭成员的文化程度和家庭经济收入水平成正比。在生育观方面，东部地区、中部地区、城市地区的男孩偏好程度高于西部地区和农村地区；“60 后”“70 后”“80 后”“90 后”的多孩生育意愿和男孩偏好程度逐渐递减；本科及以上和小学文化程度被调查者的多孩生育意愿和男孩偏好程度更强烈，其他文化程度的人则相对不足；多孩生育意愿和男孩偏好程度与家庭的经济收入水平成正比。

3. 家风建设呈现显著的地区、城乡和代际差异，且与家庭成员的文化程度和家庭经济收入水平呈正相关关系

家风建设的差异分析结果表明，在传统节日传承度和家中老规矩的多寡这两方面，均呈现出东部地区和城市地区家庭的传承程度高于中西部地区和农村地区，“60 后”“70 后”和“80 后”人群明显高于“90 后”人群，高文化水平和高收入家庭高于低文化水平和低收入家庭的样态。在不同地区、城乡以及不同年龄段人群间的差异较为显著，而且都与家庭成员的文化程度和家庭经济收入水平呈正相关关系。同时，家庭对“将社会主义核心价值观纳入家风”的认同程度表现出显著的城乡差异和代际差异，并与其家庭成员文化程度和家庭经济收入水平呈正相关，即城市家庭的认同程度比农村家庭高，“70后”和“80后”的认同程度高于“60后”和“90后”；家庭成员的文化程度和家庭经济收入水平越高，其对这一观点的认同程度也越高。

四、对现代家庭建设政策实施启示及建议

本次调查结果的分析表明，“家家幸福安康工程”政策的推进实施既具有较好的家庭建设基础，又面临着一系列新挑战。根据调查发现并结合该政策提供的具体举措，本文提出如下政策执行的可操作性建议。

（一）将促进夫妻和睦、提升多孩生育意愿作为家庭文明建设和家庭服务工作的重要目标

“家家幸福安康工程”中以促进夫妻和睦为主要目标的措施是“家庭服务提升行动”中关于“完善婚姻家庭服务”的举措，其主要内容是防治家庭暴力和化解家庭纠纷，侧重于家庭矛盾的解决。然而，没有矛盾仅是夫妻关系和睦的最低要求，其更重要的价值追求是夫妻之间恩爱融洽，相互尊重、理解、信任和支持。因此，仅靠矛盾的事后解决机制远远不够，还需要从根本上促进夫妻关系的和谐，使夫妻掌握相处之道。“家家幸福安康工程”中“家庭文明创建行动”的相关举措正是实现这一目标的可行途径。具体而言，一方面，可在家风家教主题宣

传月、家风家教宣传展示品牌活动中将夫妻相处之道作为重要的宣传主题；另一方面，可在寻找“最美家庭”活动中，增加寻找“夫妻恩爱最美家庭”的项目，在鼓励先进的同时发挥榜样的作用。

提升家庭的多孩生育意愿也应在“家家幸福安康工程”的实施过程中得到重视。生育意愿的提升不仅有赖于对国家生育政策转变的深刻理解，也有赖于相关家庭服务措施的配套到位。因此，一方面，可在“家庭文明创建行动”中以国家三孩生育政策作为重要的宣传主题，设计系列宣传活动，通过促进对政策的深刻理解来引导生育观念的转变；另一方面，可在“家庭服务提升行动”中以关注母亲产后心理健康为主题，开发家庭公益服务项目，通过消除后顾之忧来促进生育意愿的提高。

（二）明确家庭教育工作在家庭建设工作中的核心地位，大力实施家庭教育支持行动

应明确家庭教育工作是家庭建设工作的首要任务和工作重点。在此基础上，加大“家家幸福安康工程”中“家庭教育支持行动”的实施力度，以切实提升家长的家庭教育能力作为行动的根本目标，以完善家庭教育政策法律为顶层设计和制度保障，以实施“父母成长计划”为主要抓手，以完善家庭教育指导服务体系为体制机制保障。

在实施“父母成长计划”时，应针对家长的实际困惑和需要，将转变家长“重智轻德”的教育观念、缓解家长的教育焦虑、正确处理亲子关系、妥善处理家校关系等作为家庭教育指导的重点目标和内容，并通过编制家庭教育指导手册、开设父母讲堂、组织家长沙龙、开展亲子活动、搭建互动式家庭教育咨询平台等线上线下深度融合的形式，为家长提供个性化、精准化、互

动式的家庭教育指导服务。

（三）将加强中华优秀传统文化和家规家训的传承、促进社会主义核心价值观进家庭作为家风建设工作的重点内容

“家家幸福安康工程”中专门针对家风建设的具体举措包括：创新设立家风家教主题宣传月、打造家风家教宣传展示品牌活动、推出系列展现好家风的文化产品、命名一批家教家风实践基地。[2] 应明确将加强中华优秀传统文化和家规家训传承、促进社会主义核心价值观进家庭作为这些活动的重要目标和重点内容，设计和实施“中华优秀传统文化进家庭”主题宣传活动、“好家规伴成长”“我家的家国情怀”主题展示活动，推出“家庭与中华优秀传统文化”“家规的故事”系列丛书，打造以传承中华优秀传统文化和家规家训、践行社会主义核心价值观为特色的家风实践基地。

（四）对家庭建设水平相对薄弱的地区和人群予以重点关注、精准施策

应将中西部地区、农村地区、“90 后”人群、低文化水平人群、低收入人群等家庭建设水平相对薄弱的地区和人群作为推进家庭建设工作的重点关注对象。在实施“家家幸福安康工程”时，应对这些地区和人群的家庭加大相关举措的实施力度，给予其更多的资源支持和有针对性的服务。如针对“90 后”人群、低文化水平人群、低收入人群的家庭，可由具体活动的组织实施单位开展需求调研，建立家庭建设需求档案和大数据资料库，据此设计和实施特色活动、提供重点服务。

【参考文献】

[1] 沈跃跃 . 团结带领妇女坚定不移跟党走 奋力建功新时代——学习贯彻习近平总书记在同全国妇联新一届领导班子成员集体谈话时的重要讲话精神［J］. 求是 ,2018(22):3-6.

[2] 全国妇联家庭和儿童工作部 .“家家幸福安康工程”启动啦，了解一下！［EB/OL］.(2019-09-02).http://www.cnwomen.com.cn/2019/09/02/99171000.html.

改革开放以来中国家庭教育政策研究

王　萍*

摘　要：改革开放以来，我国家庭教育政策发展经历了起步阶段、探索阶段与完善阶段，家庭教育政策的总体目标逐渐明确，更加注重普惠性，政策内容不断扩展与深化。目前，家庭教育政策迫切需要回应的现实问题，包括家庭教育发展不平衡、品德教育重视度不够、家庭教育工作机制有待健全、家庭教育研究滞后等。在此基础上，本文从整体布局、法制建设、核心内容和工作机制四方面对未来家庭教育政策的发展进行了展望。

关键词：家庭教育政策；发展历程；展望

党的十八大以来，习近平总书记站在国家治理的高度，围绕“注重家庭、注重家教、注重家风”发表了一系列重要论述。2021年3月，《习近平关于注重家庭家教家风建设论述摘编》一书出版发行，这是推进新时代家庭工作的纲领性文献，为制定家庭教育政策、做好家庭教育工作提供了根本遵循。为了深入贯彻落实习近平总书记关于注重家庭家教家风建设的重要论述，进一步推动家庭教育政策发展，本文将从改革开放以来我国家庭教育政策发展的三个阶段，分析家庭教育政策发展的特点，并在此基础上提出新时代全面推进家庭教育的建议。

---

* 王萍，中国儿童中心科研部研究员，主要研究社会政策、家庭教育等。

一、家庭教育政策的发展历程及特征

（一）发展历程

家庭教育政策作为家庭教育工作的重要组成部分，从最初相对单一、零散的政策内容到现在形成较为多元、丰富的政策体系，经历了一段漫长的发展过程。

1. 家庭教育政策起步阶段（1978—2000 年）

改革开放初期，政府部门的主要精力集中在经济建设上，对于社会建设关注较少，出台的家庭教育相关政策不多。这个阶段，《九十年代中国儿童发展规划纲要》和《全国家庭教育工作“九五”计划》制定印发，由于这两个重要家庭教育政策文本的结束年为 2000 年，因此本阶段截止时间为 2000 年。

1992 年 2 月，国务院印发的《九十年代中国儿童发展规划纲要》，是国家层面对儿童工作的整体规划，文件对家庭教育工作作出了明确部署，提出要制定家庭教育法，并强调要建立学校教育、社会教育、家庭教育相结合的育人机制，从整体上创造有利于儿童身心健康、和谐发展的社会和家庭环境。[1] 文件指出要根据城市和农村的差异，因地制宜，根据不同年龄段儿童的特点，向家长提供家庭教育知识和方法。在队伍建设方面，要层层培训家庭教育工作骨干。在人才培养方面，要求师范院校在进行试点的基础上，逐步开设家庭教育相关课程。在科学研究方面，由于相关研究较少，理论基础薄弱，文件明确指出有关学术机构、学术团体要开展家庭教育方面的理论研究，为改善儿童成长的家庭环境、社会环境提供理论支持。《九十年代中国儿童发展规划纲要》从整体上规划了家庭教育工作发展，包括家庭教育立法、目标、队伍、宣传等方面，为家庭教育工作的有序发展打下了良好的基础。

1996 年 9 月，全国妇联、国家教委联合发布了《全国家庭教育工作“九五”计划》，这是家庭教育工作的专门性文件，首次提出了家庭教育工作的总目标和分阶段目标，总目标是到 2000 年，使 90% 儿童的家长不同程度地掌握保育、教育儿童的知识。[2] 文件强调家长学校是普及家庭教育知识的有效渠道，是学校、家庭、社会教育相结合的重要途径，要继续办好各种类型家长学校。为了使政策能够有效地执行，还专门制定了《全国家庭教育工作评估方案》和《全国家庭教育工作评估指标》，使家庭教育工作的任务进一步得到明确。

20 世纪 90 年代，家长学校在各地迅速发展起来，全国各种类型的家长学校达到数十万所。为了提高家长学校的办学质量，全国妇联和国家教委于 1998 年 3 月共同牵头制定了《全国家长学校工作指导意见（试行)》（妇字〔1998〕9 号）明确了由教育行政部门负责中小学、幼儿园家长学校的指导工作；妇联负责协调社会各部门，指导家长学校工作。此外，文件进一步明确了家长学校的任务、对象、教学内容、教学形式、领导机构等，规范了家长学校的管理。

整体而言，这个阶段的家庭教育政策处于起步阶段，初步搭建了家庭教育政策的基本框架，但是这些政策的目标还较为单一，内容相对空泛，可操作性有待进一步加强。

2. 家庭教育政策探索阶段（2001—2010 年）

步入新世纪，我国经济发展水平已经大幅提高，但是社会建设滞后于经济建设，积累了很多社会矛盾和社会问题，社会分配差距逐渐扩大，社会思潮更加丰富多元。随着社会转型，家庭自身也发生了巨大的变化，家庭教育的外部环境和内部环境更加复杂。

2001年5月，国务院发布了《中国儿童发展纲要（2001—2010年）》，在“儿童与教育”中，提出家庭教育的目标是提高家庭教育水平，建立多元化家长学校办学体制，增加各类家长学校数量。这表明家庭教育工作的重点要放在提高家长的家庭教育能力和水平上，要发挥学校、家庭、社会各自教育优势，促进学校教育、家庭教育、社会教育的一体化。[3] 这些内容保持了政策的连续性，特别强调了家长学校的作用，为开展家庭教育工作指明了方向。

为贯彻落实《中国儿童发展纲要（2001—2010年）》中提出的家庭教育工作目标，巩固“九五”期间家庭教育工作成果，2002年5月，全国妇联和教育部制定了《全国家庭教育工作“十五”计划》，在机构建设方面，文件首次提出要构建家庭教育工作指导体系，如在各省（自治区、直辖市）建立示范家长学校20所以上，省级建立家庭教育工作示范区县6～10个，县级以上报刊应开设家庭教育专栏。文件强调要发挥中国家庭教育学会等家庭教育学术团体和研究人员的作用等，多措并举，加强家长学校、家庭教育指导队伍、家庭教育理论研究及家庭教育教材等基础建设，共同推进家庭教育工作向科学化、社会化、法制化发展。[4]

2004年2月，中共中央、国务院发布了《关于进一步加强和改进未成年人思想道德建设的若干意见》（中发〔2004〕8号），这是未成年人思想道德建设方面的重要文件。文件强调了家庭教育在未成年人思想道德建设中具有特殊重要的作用，并且从党中央的高度，提出要重视和发展家庭教育，要把家庭教育、学校教育、社会教育紧密结合起来。同时，文件明确了家庭教育工作的责任主体，指出各级妇联组织、教育行政部门和中小学校要切实担负起指导和推进家庭教育的责任。

为了贯彻落实中发〔2004〕8号文件，全国妇联、教育部对《全国家长学校工作指导意见（试行）》进行了补充完善，于2004年10月出台了《关于全国家长学校工作的指导意见》。文件对家长学校的性质与任务、指导与管理、组织与领导、检查与评估等方面进行了规定，提出要建立学员考勤考核制度，并将考核成绩及学习情况反馈到学员所在单位或社区。评估内容包括家长受教育率、孩子的评价、家长学校老师的论文质量等，从不同角度、不同方面对家长学校的办学情况进行评估，进一步规范家长学校的运行。

为巩固“十五”期间家庭教育工作成果，进一步提高家庭教育指导和服务水平，2007年5月，全国妇联、教育部等八部门联合发布了《全国家庭教育工作“十一五”规划》，强调在工作机制上，要进一步完善家庭教育工作的长效机制；在研究层面，要推进现代家庭教育理论体系建设；在机构和队伍建设方面，要提高家庭教育指导机构和指导者的专业化水平，提高家长学校办学质量；在立法方面，要推进家庭教育法律法规，推动家庭教育工作科学化、社会化、法制化的轨道。[5] 随着社区承接越来越多的社会事务，文件强调了社区在参与家庭教育指导服务中的作用，指出要积极推进社区家庭教育指导，经济基础较好的城市要在70%的社区建立社区家长学校或家庭教育指导中心，具备条件的农村要在50%的乡村建立家长学校或家庭教育指导中心。[6]

2010年2月，全国妇联、教育部等部门联合发布了《全国家庭教育指导大纲》，针对各年龄段儿童的特征，设计了不同的家庭教育指导内容，以此来规范家庭教育指导工作，为我国各级各类家庭教育指导服务机构开展工作提供了重要的依据和指南，是国家层面发布的第一个家庭教育指导大纲，对于规范家庭教育指导服务工作具有里程碑意义。

这个阶段，家庭教育政策有了长足发展，从顶层规划了家庭教育工作的蓝图，内容更加丰富，为我国家庭教育工作的发展奠定了良好的政策基础。但随着社会的飞速发展，家长需求日趋多元，家庭教育的理论研究、队伍建设还需要进一步加强。

3. 家庭教育政策完善阶段（2011 年至今）

2011 年以来，社会发展步入新的阶段，家庭结构、家庭功能、家庭关系都发生了很大变化，流动人口数量日益增多，两孩政策、三孩生育政策相继施行，家庭教育面临很多新问题。家长在儿童教育方面普遍感到焦虑，迫切需要科学的家庭教育理念和方法指导。校外培训机构飞速发展，各种各样的培训班占据了孩子们的校外生活，家长和孩子们被裹挟其中，疲于奔命。隔代教养的比例增大，家庭教育的代际冲突频发。新时期的家庭教育政策迫切需要回应这些社会问题，给家长提供支持服务。

2011 年 1 月，全国妇联、教育部、中央文明办出台了《全国妇联　教育部　中央文明办关于进一步加强家长学校工作的指导意见》，指出各级各类家长学校要遵循党的教育方针和政策，始终坚持德育为先、育人为本的宗旨，确定了各类家长学校的组织管理方式和工作职能，进一步规范了家长学校的管理。

2011 年 7 月，国务院发布了《中国儿童发展纲要（2011—2020 年)》，强调要坚持育人为本、德育为先，把德育渗透于教育教学的各个环节，贯穿在学校教育、家庭教育和社会教育的各个方面。文件提出将家庭教育指导服务纳入城乡公共服务体系，90% 的城市社区和 80% 的行政村应建立家长学校或者家庭教育指导服务点。确保儿童家长每年至少接受 2 次家庭教育指导服务，参加 2 次家庭教育实践活动。[7] 将家庭教育指导服务纳入城乡公共服务体系的提法，无论是在思想认识上还是工作实践中都是一次重大的突破，影响深远。

2012 年 3 月，全国妇联、教育部等七部门联合发布了《关于指导推进家庭教育的五年规划（2011—2015 年）》，提出服务社会、服务基层和服务家长儿童的宗旨，要以提升家长素质为核心，将社会主义核心价值体系融入家庭教育，构建基本覆盖城乡的家庭教育指导服务体系，推进完善基本的家庭教育公共服务，建立与社会管理创新相适应的家庭教育工作机制。[8] 将家庭教育指导服务作为一项基本公共服务既是对《中国儿童发展纲要(2011—2020 年)》任务的落实，又是家庭教育工作发展的必然要求，为家庭教育工作的可持续健康发展奠定了良好基础。

2015 年 10 月，教育部发布了《关于加强家庭教育工作的指导意见》，重点强调了家长的主体责任，指出教育孩子是父母或者其他监护人的法定职责，家长要依法履行家庭教育职责，严格遵循成长规律，不断提升家庭教育水平。同时，要办好家长学校，丰富学校指导服务内容，强化学校家庭教育工作指导。[9] 教育部门开展家庭教育工作有很多优势，发挥这些优势，做好家校合作，服务家庭教育，无疑对于家庭教育工作有极大的促进作用。

2016 年 11 月，全国妇联、教育部等九部门发布了《关于指导推进家庭教育的五年规划（2016—2020 年）》，提出到 2020 年，基本建成适应城乡发展、满足家长和儿童需求的家庭教育指导服务体系。文件通过五个“进一步”强调了家庭教育工作重点发展的五个方面，即进一步突出家庭教育的核心和根本，进一步拓展家庭教育指导服务阵地，进一步提高家庭教育指导专业化水平，进一步深化家庭教育科学研究，进一步健全家庭教育工作机制。[10] 这五个方面构成了有机统一的整体，从内容、阵地、专业化、科学研究、工作机制等方面确立了家庭教育工作今后发展的格局。

为了深入贯彻落实党的十八大以来习近平总书记就家庭教育

作出的一系列重要指示精神，强化品德教育在家庭教育中的核心地位，2019 年 5 月，全国妇联、教育部等九部门对 2010 年 2 月发布的《全国家庭教育指导大纲》进行了修订，发布了《全国家庭教育指导大纲（修订）》。这是新时代做好家庭教育指导服务工作的重要文件。《全国家庭教育指导大纲（修订）》新增了家庭教育的核心理念，并根据儿童的发展特点，在每个年龄段增加了家庭道德教育的相关内容。这是落实《关于指导推进家庭教育的五年规划（2016—2020 年）》提出的“到 2020 年基本建成适应城乡发展、满足家长和儿童需求的家庭教育指导服务体系”的重要举措。建立家庭教育指导服务体系需要系统、科学的家庭教育指导服务内容作为支撑，各地在开展家庭教育指导服务工作中，以《全国家庭教育指导大纲（修订）》为依据，可以因地制宜，创造性地开发适合当地的家庭教育指导服务课程、活动和产品，更好地服务广大儿童和家长。

2019 年 10 月，党的十九届四中全会提出“构建覆盖城乡的家庭教育指导服务体系”“注重发挥家庭家教家风在基层社会治理中的重要作用”。2020 年 10 月，党的十九届五中全会提出“加强家庭、家教、家风建设”“健全学校家庭社会协同育人机制”。这些重要论述从国家治理的高度出发，对家庭教育工作进行了部署，为新时代家庭教育工作开展指明了方向。家庭教育工作要在新时代找准定位，纳入完善和发展中国特色社会主义制度的总体部署中。

党的十八大以来，习近平总书记围绕注重家庭、注重家教、注重家风建设发表了一系列重要论述。2021 年 3 月，《习近平关于注重家庭家教家风建设论述摘编》出版发行，全书分为七个专题，从党和国家事业发展全局的高度作出战略谋划和重要指示，这是制定新时代家庭教育政策的根本指南，是开展家庭教育工作的根本遵循。

2021 年 9 月，国务院印发《中国儿童发展纲要（2021—2030 年)》(以下简称“新儿纲”)，增加“儿童与家庭”领域，凸显了家庭对于儿童成长的重要性，强调发挥家庭立德树人第一所学校作用，尊重儿童主体地位，建立平等和谐的亲子关系。新儿纲基于上一轮纲要的目标，对家庭教育指导服务体系提出了更高的目标，要求覆盖城乡的家庭教育指导服务体系基本建成，95% 的城市社区和 85% 的农村社区（村）建立家长学校或家庭教育指导服务站点。新儿纲的实施将进一步完善支持家庭生育养育教育的法律法规政策体系，增强家庭、儿童的获得感、幸福感、安全感。

在立法层面，经过多年努力，2021 年 10 月 23 日，十三届全国人大常委会第三次会议表决通过了《中华人民共和国家庭教育促进法》(以下简称家庭教育促进法)。这是我国首部家庭教育立法，清晰界定了“家庭教育”的概念，明确未成年人的父母或者其他监护人负责实施家庭教育，国家和社会为家庭教育提供指导、支持和服务。家庭教育促进法的出台彰显了家庭教育的重要地位和作用，为促进未成年人健康成长和全面发展提供了有力的法治保障。

在家庭教育政策完善阶段，家庭教育政策在工作体系、政策内容、执行评估上都有不同程度的突破，政策的价值理念和目标导向逐渐清晰，政策框架渐趋成熟。

（二）家庭教育政策发展的基本特征

1. 家庭教育政策的总体目标逐渐明确

2000 年以前出台的家庭教育政策指出了家庭教育工作的目标和任务，2000 年以后出台的政策增加了指导思想和基本原则，逐渐明晰了家庭教育政策的目标和价值理念。《关于指导推进家庭教育的五年规划（2011—2015年）》提出以服务社会、服务基层、服务家长儿童为宗旨，明确家庭教育工作的核心是提升家长素质，强调要将社会主义核心价值体系融入家庭教育；加强机构建设，建立完善的家庭教育指导服务体系，积极构建学校、家庭、社会紧密协作的教育网络。政策的目标是解决人民群众日益增长的教育需求和教育供给不均衡之间的矛盾，提供完善的服务，满足人民日益增长的美好生活需要。

2. 家庭教育政策更加注重普惠性

除了困境家庭以外，很多普通家庭在家庭教育的过程中也面临儿童照顾压力与育儿能力不足等问题，需要社会和专业机构的支持和帮助，以最大限度地促进儿童的健康成长。家庭教育政策在发展中，逐渐明晰家庭教育公共服务的对象是社会中的全体儿童和家庭。家庭教育公共服务的对象既包括城市儿童，又包括农村儿童；既包括困境儿童，也包括正常儿童。将家庭教育指导服务纳入城乡公共服务体系，使家庭教育指导成为政府提供、惠及全民的一项公共产品。

3. 家庭教育政策内容不断扩展与深化

在家庭教育政策的发展历程中，政策内容逐步丰富和拓展。在政策发展之初，家庭教育政策的内容只局限于提升家长受教育率，普及家庭教育知识，此后，政策内容加入了强化家庭教育的理论研究和宣传等。到2011年，政策的内容扩展到建立适应城乡发展的家庭教育指导服务体系，为城乡家庭提供普惠性的家庭教育指导服务，发展规范家庭教育社会组织，提高家庭教育社会化程度。从社会发展的战略视野出发规划家庭教育的发展，不仅丰富了家庭教育政策的内容，也使家庭教育的整体发展水平得到了很大提升。此外，家庭教育政策文本中也逐步增加了家庭教育具体的实施细则，更加有利于政策的落实。

总体而言，家庭教育政策在发展过程中，主动回应社会发展，内容不断扩展，体系更加完善，有力推动了家庭教育工作的发展。

二、家庭教育政策制定与实施中面临的问题

家庭教育政策的制定与实施要直面家庭教育中出现的问题，既要体现长远规划，又要解决现实问题，深刻反映时代变化与家庭教育发展的诉求；要牢牢把握经济社会发展的阶段性特点，遵循家庭教育规律，满足家庭教育需求。目前，家庭教育政策迫切需要回应的现实问题包括以下四点。

（一）家庭教育发展水平不平衡

从发展水平来说，家庭教育存在发展不平衡的问题。不同社会群体之间、不同地区之间，家庭教育水平差异很大。当前，学校教育一直在强调均衡发展，努力缩小城乡、区域、校际和不同受教育对象之间的差距，而家庭教育的城乡差距、不同社会群体之间的差距也不容忽视，而且更不容易解决，要引起足够的关注和重视。家庭教育在发展过程中要考虑不同类型家庭的需求，提供多元化的指导服务。与此同时，解决家庭教育发展不平衡问题，基本路径应该与我国教育改革发展的方向保持一致，坚持在改革中促进公平、提升质量。

（二）品德教育需要引起高度重视

家庭教育最重要的是品德教育，在家庭教育中培育和践行社会主义核心价值观具有天然的优势，但是这些优势还远远没有被发挥出来。家长对家庭德育的重要性认识不足，家庭教育中存在重智轻德的现象，并且缺乏科学有效的德育手段。家长要高度重

视儿童的道德培养，把价值观培养放在首位，把对儿童的道德培养融入家庭日常生活中，帮助儿童扣好人生的第一粒扣子，引导儿童树立正确的世界观、人生观、价值观。

（三）家庭教育工作机制有待健全

目前的家庭教育工作缺乏有效的工作机制，各地妇联、教育部门作为家庭教育牵头单位，还没有形成紧密的合力。今后，各相关部门要充分发挥家庭教育领导协调机构的作用。此外，家庭教育指导服务机构和队伍的专业化问题也是制约家庭教育工作发展的瓶颈。家长学校和家庭教育指导服务中心以及各类社会服务机构发展参差不齐，缺乏规范管理。市场化的家庭教育指导服务机构缺乏准入机制，鱼龙混杂。当前需要建立覆盖省、市、县、乡的纵向层级家庭教育指导服务体系，通过专业的机构和队伍来落实政策，推进家庭教育工作开展。

（四）家庭教育研究相对滞后

家庭教育领域有很多新情况和新问题亟待研究，但是目前还没有形成有影响、高质量的研究成果，为家庭教育指导服务提供权威理论支撑和有效实践指导。随着社会转型的加快，人口流动的加剧，留守、流动儿童的家庭教育问题，隔代教养问题，以及二孩、三孩家庭的家庭教育问题都迫切需要进行深入研究，并提供切实可行的解决方案。家庭教育研究队伍的科研水平有待提高，这也与家庭教育学科发展滞后有关。

三、全面推进新时代家庭教育的建议

未来，要进一步加强家庭教育工作的整体谋划和布局，站在国家治理的高度，从加强法律保障、工作机制等方面入手，全面推进新时代家庭教育工作。

第一，在整体布局层面，要提高站位，全面贯彻落实习近平总书记关于注重家庭家教家风建设的重要论述，从国家治理的高度来谋划家庭教育发展。习近平总书记把家庭建设作为治国理政的重要基础，强调要使千千万万个家庭成为国家发展、民族进步、社会和谐的重要基点。家庭是社会的细胞，千千万万个家庭都幸福和谐，社会才能安定繁荣，要注重发挥家庭、家教、家风在基层社会治理中的作用。家庭建设是国家治理体系中的基础性建设，家庭教育是家庭建设的重要内容，要从推进国家治理体系和治理能力现代化的高度对家庭教育事业进行整体谋划和布局。

第二，在法制建设层面，积极推动落实家庭教育促进法，筑牢法律保障。家庭教育促进法的出台充分体现了党和国家对家庭教育的高度重视，将进一步发挥家庭家教家风在基层社会治理中的重要作用，推动国家治理体系和治理能力现代化建设。家庭教育促进法明确了各方责任，要加强宣传，推动各方履职尽责。家长要切实承担起对未成年人实施家庭教育的主体责任，把品德教育放在第一位，在日常家庭生活中潜移默化地开展家庭教育。政府要完善家庭教育工作管理机制，教育部门和妇联合理分工，制定家庭教育指导服务工作规范和评估规范，加强对从业人员的专业化培养。家庭教育指导服务机构要根据需求提供有针对性的服务。中小学校、幼儿园发挥与家长联系紧密的优势，给家长传授家庭教育理念、知识和方法，促进家庭与学校共同教育。

第三，在核心内容层面，要牢牢把握时代发展特征，找准新时代家庭教育面临的突出问题，满足家长对家庭教育指导服务的需求。中国目前正处于社会转型的巨变时期，持续的低生育水平和大规模的人口流动带来的家庭结构变动、传统家庭价值观与现代家庭价值观的交织碰撞，使得家庭处于动荡和变化之中。[11] 家庭的变化必然影响到家庭教育的开展。当代家庭发展的趋势是小型化，小家庭在子女抚育方面对社会机构服务的需求在增强。[12] 不同类型的家庭在育儿的不同阶段面临着不同问题，相关政策要找准家庭教育普遍性问题和家长集中关注的问题，改进家庭教育指导服务的内容和方式，给予及时、科学、有效的指导，满足广大家庭多样化和个性化的需求。

第四，在工作机制层面，要以构建覆盖城乡的家庭教育指导服务体系为目标，全面推进家庭教育工作机制建设。积极推动构建覆盖城乡的家庭教育指导服务体系是当前乃至今后一段时间家庭教育工作的核心内容。要做好家庭教育指导服务体系的系统规划，确定好体系中各个部分，包括领导机构、指导服务机构、研究机构、宣传机构等的具体职能和相互关系，建立功能完备的家庭教育工作体系。发挥家庭、学校、政府、社会的作用，统筹协调社会资源支持服务家庭教育。加大基层家庭教育指导服务机构建设，推进家庭教育专业人才培养，为广大家庭提供家庭教育指导服务。

【参考文献】

[1] 九十年代中国儿童发展规划纲要［EB/OL］.(2017-04-19).https://www.nwccw.gov.cn/2017/04/19/99336891.html.

[2] 全国妇联，国家教委 . 全国家庭教育工作“九五”计划［EB/OL］.(1996-09-16).https://www.uhomeonline.com.cn/news/policy/844.html.

[3] 中国儿童发展纲要（2001—2010 年）［EB/OL］.(2017-04-05).https://www.nwccw.gov.cn/2017/04/05/99339688.html.

[4] 全国妇联教育部印发全国家庭教育工作“十五”计划［EB/OL］.(2002-05-20).http://www.women.org.cn/art/2016/7/3/art_211_147579.html.

[5]［6］全国妇联等八部门：《全国家庭教育工作“十一五”规划》，2007

年 5 月 10 日，http://www.wenming.cn/ziliao/wenjian/jigou/qita/201205/t20120504_642046.shtml.

[7] 中国儿童发展纲要（2011—2020 年）[EB/OL] .(2011-07-30).https://www.nwccw.gov.cn/2017/04/05/99339689.html.

[8] 全国妇联 教育部 中央文明办 民政部 卫生部 国家人口计生委 中国关工委关于印发《关于指导推进家庭教育的五年规划（2011—2015 年)》的通知 [EB/OL] .(2012-03-05）.http://www.moe.gov.cn/jyb_xxgk/moe_1777/moe_1779/201206/t20120625_138245.html.

[9] 教育部关于加强家庭教育工作的指导意见 [EB/OL] .(2015-10-20).http://www.moe.gov.cn/srcsite/A06/s7053/201510/t20151020_214366.html.

[10] 全国妇联 教育部 中央文明办 民政部 文化部 国家卫生计生委 国家新闻出版广电总局 中国科协 中国关工委关于印发《关于指导推进家庭教育的五年规划（2016—2020 年)》的通知 [EB/OL] .(2016-11-1).http://www.nwccw.gov.cn/2017-05/23/content_157752.htm.

[11] 李树茁，王欢 . 家庭变迁、家庭政策演进与中国家庭政策构建 [J] . 人口与经济 ,2016(6):1-9.

[12] 王跃生 . 中国城乡家庭结构变动分析——基于 2010 年人口普查数据 [J] . 中国社会科学 ,2013(12):60-77.

家庭教育地方立法的首次突破和重要尝试

——对《重庆市家庭教育促进条例》的解读

江材讯 *

摘　要：伴随着经济的迅速发展和家庭功能的转型，家庭教育引起了国家和社会的密切关注。2016 年 5 月 27 日，重庆市第四届人民代表大会常务委员会第二十五次会议通过了《重庆市家庭教育促进条例》，标志着我国首部家庭教育地方性法规的正式出台。《重庆市家庭教育促进条例》全文共计七章四十四条，对家庭实施、学校指导、社会参与、保障激励、法律责任等方面做了明文规定。本文围绕《重庆市家庭教育促进条例》的立法背景、指导思想、整体设计及框架结构、法规特色、实施成效等方面进行进一步的解读和分析。

关键词：家庭教育；家庭教育立法；家长主体

2016 年 5 月 27 日，重庆市人大常委会通过了《重庆市家庭教育促进条例》（以下简称《条例》），这是我国首部家庭教育地方性法规。《条例》自实施以来，重庆市家庭教育工作受到了政府、社会、家庭前所未有的重视，家庭教育工作体制机制得到了

* 江材讯，重庆市人大内务司法委员会原副主任委员，市人大常委会办公厅原巡视员，主要研究人民代表大会制度、地方立法、行政法治建设。

进一步的完善，工作环境也大为改善，真正实现了多部门统筹推进的良好工作格局。

全国人大常委会法制工作委员会、全国人大社会建设委员会分别于 2017 年 9 月和 2020 年 9 月专程赴重庆调研家庭教育立法情况及其取得的成效，就全国家庭教育立法广泛征求重庆各界意见。全国近 20 个省区市、计划单列市到重庆调研、交流家庭教育立法及实施推进工作。

一、立法背景

家庭是社会的基本细胞，是国家发展、民族进步、社会和谐的重要基点。家庭教育是人生整个教育的基础和起点。传统意义的家庭教育属于较为典型的私人领域，在古代社会，由家长、族长进行家庭式管理、家族式统治。现代社会中，家庭教育已远非“私人”问题，而是与国家、民族、社会利益息息相关。[1] 家庭教育是现代国民教育体系的重要组成部分，是学校教育、社会教育的基础。推进家庭教育，对于国家发展、民族进步、社会和谐、家庭幸福和人的发展都具有不可或缺的重要作用。

（一）家庭教育工作存在诸多问题，迫切需要通过立法予以保障

伴随着经济社会的大变革大发展，社会转型速度加快，传统的家庭结构和功能发生深刻变化，家庭教育面临许多新的挑战。拥有千万家庭和大量外出务工人口的重庆市，在家庭教育方面突显出诸多不容忽视的问题。

第一，从家庭层面上看，一是家长的家庭教育意识淡薄，主体责任不明确、不落实，履责能力不强。面对社会转型、家庭变迁、家庭结构变化、教育变革的内外部环境，部分家庭育人功能

弱化。[2] 二是家庭教育观念陈旧，教育知识匮乏。家长生而不养、养而不教、教而不当的现象不同程度存在；不少父母缺乏正确的成才观，存在“重智轻德、重知轻能、重养轻教”等现象；很多父母表示不知道用什么方法教育孩子，有的甚至将殴打虐待作为家庭教育方式。[3] 三是亲情及家庭教育缺失导致违法犯罪问题突出。全市留守、流动儿童约占儿童总数的三分之一，亲情及家庭教育的缺失导致他们产生突出的心理及行为问题。四是困境儿童的家庭教育普遍缺失，开展家庭教育的难度大，亟待给予关注和重视。

第二，从社会层面看，家庭教育与学校教育、社会教育相比仍旧薄弱，存在一些突出问题。一是工作体制机制不够完善，主责机构不明确，部门责任不清晰；二是家庭教育经费投入不够，政府的激励保障措施不完善，城乡发展不均衡；三是家庭教育公共服务相对滞后，家庭教育指导、服务、管理制度不够健全和规范，公共服务资源比较匮乏、指导服务队伍专业性不强、针对性不够；四是家庭教育指导服务市场比较混乱，指导服务机构缺乏必要准入和专业规范，社会组织及经营性机构规模小、人员少。

第三，家庭教育在国民教育和终身教育体系中的重要地位尚未在法律上得到确立。[4] 教育法、义务教育法、《社会力量办学条例》等法律法规确立了学校教育和社会教育在国家教育法律体系中的重要地位，与二者的立法状况相比，家庭教育立法明显滞后。涉及家庭教育的条款散见于多部法律之中，具有不全面性、不系统性和重复性，且多是倡导性的，制约着家庭教育事业的发展。这一立法现状与家庭教育在教育体系中的地位极不相称，影响三大教育体系的整体协调发展。[5] 因此在国家尚未制定家庭教育法前，迫切需要出台地方性法规进行家庭教育的规范引导和强化保障。

（二）党和国家高度重视，持续推进家庭教育立法工作

在全面依法治国的新时代，有必要在国家层面制定一部厘清家庭教育职责和分工，规范家庭教育指导服务的专门法。2010年以来，《国家中长期教育改革和发展规划纲要（2010—2020年）》《中国儿童发展纲要（2011—2020年）》以及全国妇联、教育部等部门制定的全国家庭教育工作“十五”计划、“十一五”规划、“十二五”规划中都提出了制定家庭教育法、努力推进家庭教育立法进程、促进家庭教育立法取得实质性成果、有条件的地方先行尝试立法等目标任务。

2010年年底，全国妇联、教育部成立家庭教育立法调研工作组和专家组，启动家庭教育立法调研工作，并于2011年完成家庭教育立法调研，形成了调研报告和专家建议稿。2013年，全国妇联、教育部向全国人大常委会法工委提交了关于申请将制定家庭教育促进法列入十二届全国人大常委会五年立法规划项目的建议。2014年、2015年，全国妇联在重庆召开推进家庭教育立法工作座谈会，提出了加快推进家庭教育地方立法的要求。党的十八大以来，习近平总书记就家庭教育做出了一系列重要论述。2015年2月，习近平总书记发出了“注重家庭、注重家教、注重家风”的动员令，为新时期开展家庭教育及其立法工作指明了方向。

（三）家庭教育地方立法条件基本具备，立法时机基本成熟

第一，家庭教育实践工作、制度建设为立法奠定了坚实基础。多年来，重庆市持续扎实推进家庭教育五年规划的贯彻实施，为家庭教育立法打下了坚实的实践基础。建立联席会议制度，明确部门责任，将家庭教育工作纳入当地社会事业发展大局，与各地精神文明建设、儿童发展规划同步部署实施；在全市

城乡中小学、幼儿园及社区普遍建立家长学校和家庭教育指导服务站点，依托市、区（县）、乡（镇）、村（社区）四级家庭教育讲师团队伍1.5万人，深入村社院坝为家长提供公益性家庭教育指导服务；编制家长教材、编印《培养孩子的良好习惯》《儿童性健康教育绘本》等口袋书向家庭免费发放；通过家庭教育报刊、广播电视栏目、网上家长学校等媒介广泛传播科学家庭教育知识，推动形成了“夫妇结婚—孕期教育—早期教育—学校教育—社会教育—家庭教育”的家教网链。

第二，现行宪法和法律为家庭教育地方立法提供了上位法依据。《中华人民共和国宪法》规定，“父母有抚养教育未成年子女的义务”；《中华人民共和国教育法》规定：“未成年人的父母或者其他监护人应当配合学校及其他教育机构，对其未成年子女或者其他被监护人进行教育。学校、教师可以对学生家长提供家庭教育指导。”未成年人保护法、预防未成年人犯罪法、反家庭暴力法明确了家长以及国家、社会参与家庭教育的义务，并确定了家庭教育的法定内容、方式等。

第三，家庭教育立法具有较高的社会共识度。(1) 公众对家庭教育立法的认同度较高。根据全国妇联2016年调查数据显示，74.3%的人认为有必要或非常有必要通过法律来规范家庭教育服务和管理工作。[6] (2) 社会各界对家庭教育立法的呼声越来越强烈。2015年，重庆在市两会上，有市人大代表和政协委员分别提出了关于加快推进家庭教育立法的建议和提案。十三届全国人大二次、三次会议上，先后有368名全国人大代表提出相关议案12件，要求启动家庭教育立法、推进家庭教育工作。[7]

第四，相关调研和理论研究成果为制定家庭教育法提供了必要的支持和保障。2014年，重庆市妇联与重庆师范大学、西南政法大学合作，以家长、教师、儿童和家庭教育从业人员为研究对象，发放了 5081 份问卷进行调查，较为全面、翔实地了解了重庆市家庭教育的现状和问题，为重庆市家庭教育立法提供了必要支持。2014 年，《〈重庆市家庭教育促进条例〉立法调研》专题调研纳入了中国家庭教育学会的全国家庭教育科研课题项目，该项目的研究成果对立法产生了积极的推动作用。

（四）重庆市家教立法工作启动早，为率先立法奠定坚实基础

2013 年，重庆市妇联成立了以西南政法大学家庭教育专家为主的家庭教育立法课题组，标志着重庆市家庭教育立法工作的正式启动。立法工作启动后，重庆市妇联先后组织召开专题座谈会、研讨会、论证会，赴有关省、区、市进行了立法考察和调研，征求了市级部门、单位及有关区县、学生家长和学校相关人员、家教从业人员、教育学和法律专家的意见，拟定了家庭教育促进条例稿。同时，还邀请了重庆师范大学、西南大学、西南政法大学教授及专家团队参与，对条例稿进行论证、修改和完善。2013 年 12 月，重庆市人大常委会通过《重庆市第四届人大及其常委会立法规划》，将制定《重庆市家庭教育促进条例》（以下简称《条例》）列入立法规划项目。2015 年 2 月，《条例》列入了重庆市人大常委会年度立法计划预备项目，重庆市人大内务司法委员会牵头组成了家庭教育立法工作小组，确定了专人具体负责立法工作。2016 年 1 月，《条例》列为重庆市人大常委会年度立法计划审议项目。重庆市人大内务司法委员会先后召开了 4 个座谈论证会，听取了相关部门、法律专家、部分区县人大和学校、家长委员会、服务机构负责人等的意见，同时在网上发布了征求意见稿文本，广泛征求社会各界意见建议，对草案稿多次进行修改和完善。2016 年 3 月，《重庆市家庭教育促进条例（草案）》由重庆市人大内务司法委员会提请重庆市四届人大常委会第二十五次会议审议，并于 5 月通过。

二、指导思想

重庆市家庭教育立法工作始终坚持的指导思想是：深入贯彻习近平总书记关于家庭教育的重要论述，坚持以上位法为依据，紧密结合重庆市市情，坚持问题导向，针对问题立法、立法解决问题的理念，依法设定法律规范；强化家庭教育法律地位及父母的家庭教育主体责任；完善家庭教育工作体制机制，构建家庭教育服务体系，为家庭教育发展提供有力保障。

根据这一指导思想，在《条例》的起草、审议、修改过程中坚持做到：一是秉承推进家庭教育事业发展的立法理念，着力提升家庭教育地位，使家庭教育与学校教育、社会教育协同发展，共同促进儿童的健康成长；二是以立德树人，培育践行社会主义核心价值观作为家庭教育的核心；三是注重针对突出问题，重点对家庭主体责任不落实、工作体制机制不畅、社会参与不够、激励保障措施不完善等问题设定法律规范；四是明确政府相关部门、群团组织、社会力量等在家庭教育中的职责任务，充分发挥学校推进家庭教育的人才优势、场地优势和联系家长的资源优势，进一步明确各级各类学校的指导责任，社会参与的共同责任；五是立足上位法、国家现有规定和相关制度，深化指导保障工作机制。

三、整体设计及框架结构

《条例》全文共计七章四十四条，分为总则、家庭实施、学校指导、社会参与、保障激励、法律责任、附则七个部分。《条例》重点在于家庭、学校、政府、社会四大部分。

“总则”一章主要包括 6 方面的内容。一是明确家庭教育的立法依据为教育法、未成年人保护法等法律、行政法规；二是对家庭教育的概念采取狭义概念，即指父母或者其他监护人对未成年子女的教育和影响；三是确立了“家庭教育遵循家庭尽责、学校指导、社会参与、政府推进的原则”；四是明确了“父母或者其他监护人是家庭教育的直接责任主体，依法承担家庭教育义务”；五是对家庭教育工作体制机制做出规定，突出了政府对家庭教育的保障作用；六是设定每年 5 月第三周的星期一为重庆市家庭教育日。

“家庭实施”一章细化了父母和其他监护人对未成年子女进行家庭教育的义务。本章明确家长是家庭教育主体责任，具体阐明了家庭教育的目标内容，提出了父母提高家庭教育履职能力、接受学校和社会家庭教育指导的要求，确定了留守儿童父母的义务以及不当家庭教育行为求助权和相关单位、组织和个人的强制报告义务等。

“学校指导”一章明确了学校的指导责任。各级各类学校是家庭教育的重要阵地，本章重点从建立工作队伍、健全工作制度、加强业务培训、开展家庭教育指导与交流活动、加强家校联系等方面规定了学校的指导职责。同时，对学校在家庭教育中应当承担的指导责任予以细化，规定了中小学、幼儿园家长学校开展家庭教育活动的频率。

“社会参与”一章对相关机构、社会组织、企业事业单位提供家庭教育社会指导服务做出了规定。确立了国家机关、有关社会组织、企事业单位、家庭教育服务机构、志愿者等参与家庭教育的各项制度，包括婚姻登记、妇幼保健等机构的家庭教育指导义务，以及为妇女、儿童提供公共服务的机构和组织的家庭教育指导义务。本章既对设立经营性家庭教育服务机构或者提供经营性家庭教育服务的登记途径做了规定，又对家庭教育志愿服务、设立家庭教育基金或者基金会及相关捐赠行为做了鼓励性规定，并明确了捐赠行为的税务优惠措施。

“保障激励”一章明确了政府、村（居）民委员会、学校、其他有关社会公共机构等不同主体在促进家庭教育方面的责任和义务。为了优化家庭教育资源的区域分配，构建覆盖城乡的家庭教育指导服务体系，各级政府应当对家庭教育采取保障激励措施。本章分别对市、区县、乡镇及村（社区）四级推进家庭教育工作的相关职责进行了细致的规定。制定了家庭教育相关城乡公共服务、指导服务体系、宣传培训、考核评估等制度，确定了各级人民政府对进城务工人员未成年子女、困境儿童家庭及经济欠发达地区、少数民族地区家庭的教育保障。

“法律责任”一章确定了家庭、学校、社会和政府部门或机构违反《条例》规定的有关情形及应承担的法律责任。对拒绝或者怠于履行家庭教育责任、实施不当家庭教育行为等设定了干预措施，包括相关单位和组织的劝诫、批评教育和报案义务，公安机关、人民法院干预家庭教育的情形和主要措施等。

四、法规特色

《条例》的出台解决了家庭教育立法的重点难点，与后期其他省、区、市颁布的地方家庭教育法规和全国家庭教育法草案比较，《条例》具有自身的价值、特色和亮点。

（一）为国家和其他省、区、市的家庭教育立法提供了宝贵经验

重庆市人大常委会率先试水地方家庭教育立法，在立法依据

少、可借鉴经验不多、立法难度大的情况下开展立法工作，填补了家庭教育地方立法空白，对推动国家立法提供了实践经验。作为创设型立法，《条例》在地方层面对家庭教育进行了积极探索和创新，在法规条文的设置上体现了对家庭教育事业的引导、促进和规范，确保法规具有实效性。此后开展立法的贵州、山西、湖南等 10 个省的地方家庭教育促进条例和全国家庭教育法草案都吸收借鉴了重庆家庭教育立法的相关经验。

（二）首次从法律规范层面对家庭教育做出定义

如何从法律规范上界定家庭教育是立法面临的首个难点，各方争议较大。对家庭教育的概念当时尚无国家层面的法律定义或官方定义，一般分为广义概念和狭义概念。广义概念即指家庭成员之间的相互教育和影响，狭义概念多指父母或其他年长者对儿女辈进行的教育。在法律层面，家庭教育的定义与调整范围是紧密联系的，除父母或者其他监护人对子女的教育之外，其他家庭成员之间，特别是晚辈对长辈一般不负有法律上的家庭教育义务。现行法律、国家文件（如教育法、关于指导推进家庭教育的五年规划等）、工作制度（如家庭教育工作的考核指标、评估标准、督查内容等）以及家庭教育工作实践所涉及的家庭教育均意指狭义概念。因此，从针对问题立法、立法解决问题的要求出发，《条例》采取了狭义界定，规范了家庭教育的对象、内容及调整范围。

（三）明确了政府推进家庭教育工作的定位和职责

家庭教育立法需要处理好家庭教育与家庭教育工作的区别和联系，处理好政府、家庭、学校和社会在家庭教育中的责任关系，明确和落实各方责任。首先，《条例》确立了“家庭教育遵循家庭尽责、学校指导、社会参与、政府推进的原则”，厘清了父母对家庭教育的主体责任和政府、社会对家庭教育工作的推进责任。其次，《条例》没有专设“政府”一章，而是将政府推进家庭教育工作的相关条文分置于各章之中，全国家庭教育法草案在框架结构上也采取了同样处理方式，意在淡化政府直接参与的角色，突出父母是家庭教育的责任主体、第一责任人和法定实施人，政府、学校、社会承担的是推进、促进和保障家庭教育工作的责任。

（四）确立了政府妇女儿童工作机构组织协调，妇联、教育行政部门双牵头的工作体制

家庭教育工作体制机制方面的主要问题是组织协调机构不明确。一是家庭教育主要由妇联出面会同教育部门开展工作，其原因在于市和区县两级政府妇女儿童工作机构不具有家庭教育工作组织协调职能，两级妇联实际上承担了事实上的牵头作用，但妇联牵头家庭教育工作在人力、财力、协调能力等方面有较大局限性。二是作为群团组织的妇联难以有效发挥牵头作用。两大主要责任主体基本上是各管一部分，缺少统筹，难以组织协调其他相关部门开展工作，无法确定职责划分和工作考核。三是行政主管部门不明确。

针对上述问题，《条例》将组织协调职能赋予了政府妇女儿童工作机构。在目前情况下，新设立综合协调机构还不够现实，而各级政府妇女儿童工作委员会的基本职能之一就是负责协调和推动政府有关部门制定和实施妇女和儿童发展纲要。《条例》将组织协调职能赋予政府妇女儿童工作机构，比较符合目前家庭教育工作体制机制的实际。另外，《条例》确立了妇联、教育行政部门双牵头的工作体制。妇联和教育部门的主抓格局既是党中央、国务院的要求，又是现行工作制度的安排，凸显了妇联和教育部门的主抓职能，区别于其他部门协助配合的职能。最后，家庭教育工作机制上最大的障碍是行政主管部门的确定。鉴于政府妇女儿童工作委员会、妇联没有行政权，依法应当由教育部门负责行政管理工作。教育法明确规定“各级各类教育，适用本法”“县级以上地方各级人民政府教育行政部门主管本行政区域内的教育工作”，家庭教育作为国家教育体系的组成部分，其行政主管部门当然归于教育行政部门。明确家庭教育行政主管部门有利于整合政府、学校和社会资源，推进家庭教育工作，但同重庆市一样，其他省、区、市家庭教育促进条例和全国家庭教育法草案也未能明确行政主管部门，这是家庭教育立法的一大遗憾。

（五）细化了国家法律中家庭教育的相关规定，增加可操作性

一是对家庭教育内容做了分层次规定。规定“父母或者其他监护人应当对未成年子女进行社会公德、家庭美德、生活技能、行为习惯和身心健康教育以及法律、法规规定的其他教育”，在对家庭教育内容做原则性规定的同时，对未成年人保护法、预防未成年人犯罪法等法律中与家庭教育相关的规定做概括性引述。同时，要求重庆市人民政府制定家庭教育大纲，根据不同情况分别确定家庭教育的重点内容。二是固化了国家和重庆市文件所确立的家庭教育工作制度，将重庆市家庭教育实践中的成功经验上升为法规条款，如中小学、幼儿园每学期开展家庭教育指导活动的次数、设定重庆市“家庭教育日”等。三是深化了家庭教育的保障工作和社会参与机制，明确“应当将家庭教育事业发展列入国民经济和社会发展规划，将家庭教育工作经费纳入本级财政预算”，以保障各级家庭教育工作获得必需的财力支持。从市、区县、乡镇和村（社区）4 个层级细化了各方的责任；鼓励社会力

量参与、设立家庭教育基金，支持家庭教育发展；规定了市、区县政府对困境儿童家庭教育的权益保障。

（六）规范了经营性家庭教育服务机构的登记和管理

由于对家庭教育培训机构缺少明确的法定职权依据和登记规范，导致民办经营性家庭教育培训机构难以按家庭教育属性（即企业名称、经营范围等）取得工商登记许可。家庭教育培训机构不能名正言顺地开展经营活动，会引发多方面的问题：(1) 这类机构无法依法从事家庭教育培训活动，在开拓业务、聘请师资等方面困难重重；(2) 不少机构则采取打“擦边球”的做法从事家庭教育培训，既降低了行业准入门槛，又规避了行业监管；(3) 家庭教育培训市场还存在不少乱象，如培训合同的“霸王条款”，培训前收取“预付费”等情况，严重影响整个行业的信誉和良性发展。为了回应社会关于加强对家庭教育服务市场管理的普遍要求，《条例》对经营性家庭教育服务机构的工商登记问题进行了明确规定。

（七）对不履行家庭教育职责或履职不当行为提出必要干预措施

对拒绝或者怠于履行家庭教育责任、实施不当家庭教育行为的，设定了相关的处置手段和程序：一是相关单位和组织应当劝诫、批评教育；二是相关单位和组织应当向公安机关报案；三是公安机关应当及时处理，依法予以训诫、告诫或者进行行政处罚；四是人民法院可撤销监护权或追究刑事责任。

五、实施成效

《条例》的颁布为重庆市家庭教育的发展提供了法制保障，

全市家庭教育工作迎来新的发展契机。《条例》实施以来，重庆市家庭教育工作迈上了新的台阶，取得了长足发展。

（一）家庭教育工作机制不断完善

重庆市委、市政府高度重视家庭家教家风建设，部门协同推进，形成了“家庭履职、学校指导、社会参与、政府推进”的家庭教育工作格局。2017 年 6 月，重庆市人民政府妇女儿童工作委员会印发了《重庆市家庭教育促进条例职责任务分工》，明晰了 17 个部门和单位的职能职责，建立了多部门协调推进的工作机制。将家校共育工作纳入教育发展整体规划和学校工作的重要内容，新增“重庆市家长学校示范校”300 所、“家校共育”示范校 200 所，形成了“妇联组织 + 专业机构 + 家长志愿者”的共建共育格局。全市 269 所医疗卫生机构建立孕妇学校，较 4 年前增加 115 所，妇幼保健机构建立的孕妇学校和儿童早期发展基地、区县婚姻家庭辅导室等服务站点实现全覆盖，975 个新设立的经营性家庭教育服务机构完成工商登记。

（二）重视家庭教育的观念不断深入

重庆市妇联牵头 17 个市级部门，通过开展形式多样的《条例》宣传活动和家庭教育实践活动，利用家庭教育日等节点广泛深入宣传《条例》的核心内容和重要意义，营造《条例》实施的浓厚氛围，增强家长监护教育的主体责任意识，引导更多家长树立起正确的家庭教育观念，形成了全社会重视、支持、参与家庭教育的可喜局面。

（三）家庭教育指导服务水平不断提升

重庆市妇联、市教委共同打造家庭教育知识培训平台、指导服务平台、困难帮扶平台，家庭教育指导队伍不断壮大，家庭教育指导服务阵地得到有效拓展、服务覆盖面进一步扩大。依托四级“家庭教育流动学校”讲师团成员队伍，完成授课 9 万余场，惠及群众超过 700 万人次。打造新媒体家庭教育服务平台 3678 个，利用各级妇联微信公众号、“网上妇女之家”，开展家庭教育“云课堂”授课，推广先进家庭教育理念和方法。通过购买专业服务，有针对性地对困境儿童家庭以及经济欠发达地区、少数民族地区开展家庭教育指导服务。

（四）家庭教育基础建设不断加强

聚焦家庭教育内容体系、高素质专业化队伍，以及学校、家庭、社会“三位一体”指导模式，从内容、队伍、规制上确保家庭教育指导服务实效。2017 年 8 月，重庆市政府办公厅颁发了《重庆市家庭教育指导大纲》；重庆市妇联牵头编写了《重庆市家庭教育家长读本》丛书；重庆市教委牵头编写了《幼儿园家校共育实践课程》等读物；充实完善四级家庭教育讲师团、市级家庭教育骨干 1000 人，培训家庭教育指导服务人员 85440 人次，中小学家长学校家长参培率达 86%；建立了家庭教育研究中心、家庭教育监测中心，对全市千余所幼儿园、中小学开展家校共育监测；部分高等院校开设了家庭教育基础课程或将家庭教育内容融入公共基础课程中。

【参考文献】

[1] 徐建，姚建龙．家庭教育立法的思考［J］．当代青年研究，2004(5):24-28.

[2] [6] 陈丽平．全国妇联调研明晰家庭教育立法重点［EB/OL］.(2018-03 08).http://www.lcgaldaily.com.cn/Culturc/contcnt/2018-03/08/content_7490977.htm.

[3] [7] 王亦君，焦敏龙 . 家庭教育不得有任何形式家庭暴力 [N] . 中国青年报 ,2021-01-21(7).
[4] [5] 周韵曦 . 将制定家庭教育法列入全国人大五年立法规划 [N] . 中国妇女报 ,2018-03-06(2).

构建面向家庭全生命周期的家庭教育政策①

胡　湛*

摘　要：当代我国家庭教育的制度化程度不断加强，内容不断扩充，其发展与社会演进及政策变迁的节奏相同步，已呈现出相对完备的政策体系架构。但在新时代格局下，亟须以“国家发展、民族进步、社会和谐”的视角重新审视新时代中国家庭和家庭教育发展，推动家庭教育面向家庭全生命周期，贯穿个体的一生成长发展，并鼓励和支持不同代际的家庭成员协同参与，使新时代家庭教育政策进一步升位赋能，成为构建中国核心价值体系的要件之一。

关键词：家庭教育政策；家庭生命周期；家庭变迁

家庭被视为人类社会最基本的结构要件和组织形式，在中国，它还构成文化传统的根本性原则乃至中华文明的基石之一。[1] 中国的家庭不仅是繁衍单元、经济单元和福利单元，更是教育单元、教化单元和秩序单元。[2] 重视家庭教育一直是中国社会源远流长的文化传统，尽管其地位、作用、内容、方法不断变化，但从未缺位或滑脱。新中国成立之后，尤其改革开放以来，家庭教育作为教育事业的重要组成部分，得到了越来越多的制度支持和

---

① 本文为国家自然科学基金面上项目（项目编号：71874031）和教育部人文社科基金项目（项目编号：18YJC840017）的阶段性成果。

* 胡湛，复旦大学老龄研究院副院长、人口与发展政策研究中心教授，主要研究人口老龄化、家庭政策、社会性别。

资源保障，产生了持续、积极的社会效用。

随着中国特色社会主义进入新时代，国家治理现代化的步伐不断加快，在国家与社会治理的各个领域中凝练“中国方案”乃至“中国优势”的需求不断加强。而家庭作为最具“中国特性”的本源性传统[3]愈受重视，家庭教育在教育事业版图中的地位亦不断加强，国家和社会都对家庭教育以及家庭建设提出了更高的要求和更新的诉求，传统的和狭义的家庭教育亦亟须升位赋能。

一、当代中国家庭教育政策的变迁

新中国成立以来，在党的领导下，我国家庭教育的制度化程度不断加强，内容不断扩充，其发展与社会演进及政策变迁的节奏相同步，逐渐形成了初具特色的家庭教育政策体系，其变迁历程可粗分为三个阶段。

（1）改革开放之前的摸索和探索期（1949—1978 年）。新中国成立初期百废待兴，此时家庭教育重点较多集中于少年儿童的健康成长，1950 年颁布的婚姻法首次将家庭教育规定为家长义务。随着基础教育的不断发展，家庭教育愈来愈重视家长参与（尤其是品德教育），家校互动亦显雏形（如学校家访制度等）。

（2）改革开放之后的建立健全期（1978—2012 年）。经过初期的摸索和探索，家庭教育政策开始在家长参与的基础上强调社会参与，整合社会各界资源，优化家庭教育环境，工会、共青团、妇联等团体的介入更直接丰富了家庭教育内容。教育法和未成年人保护法等的颁布和修订进一步完善了家庭教育法治化基础，尤其进入 21 世纪之后，与家庭教育相关的系列纲要、规划、指导大纲等的陆续出台使当代家庭教育政策框架初步定型。

（3）高质量发展期（2012 年至今）。以 2015 年教育部印发《关于加强家庭教育工作的指导意见》为标志，我国家庭教育发展质量明显提升，家庭教育立法步伐逐步明朗，相关政策文件的完备性程度有序提高，青少年成长环境和家庭教育保障条件开始稳步迈向高质量发展阶段。[4][5] 尤其党的十八大以来，党中央高度重视家庭文明建设，习近平总书记围绕注重家庭、注重家教、注重家风发表了系列论述，极大动员了社会各界广泛参与家庭建设的积极性。《习近平关于注重家庭家教家风建设论述摘编》的编辑出版更为新时代家庭教育发展及家庭文明建设提供了根本遵循和发展方向。

不难看出，当代我国家庭教育政策从新中国成立至今历经多次调节和多阶更新，已结出硕果，并不断发展完善。尽管仍存在若干不足，但已呈现出相对完备的政策体系架构，目前正蓄势待发以进一步升位赋能，从而适应和回应新时代家庭教育发展和治理能力现代化的具体要求。

二、新时代家庭教育应当面向家庭全生命周期

中国正处于“百年未有之大变局”在新时代格局下，家庭教育政策不仅要在新的发展环境中重新定位家庭教育，更要从国家战略和社会进步的高度来重新认识家庭和家庭教育。卡梅尔曼和卡恩认为，任何在家庭以外建立的制度都不能取代家庭的功能，而只是政府以不同程度和方式对家庭责任的分担，因此“社会政策就是家庭政策”[6]；福柯总结国家治理在本质上是“一种公共化的家政”，其治理方法（公共教育、社会福利等）和机构（幼儿园、养老院等）都是家庭功能（家庭教育、家庭养老等）的外化[7]；英国前首相布莱尔曾呼吁“家庭是培育人们社会责任感的

最重要场所，它与狭隘的自私观水火不容”，“找回家庭”在当时成为一种应对欧洲福利危机的重要改革思路，不少人更由此对东亚国家（尤其是中国）的家庭制度表达过不同程度的艳羡。[8] 在2015 年春节团拜会上，习近平总书记提出“不论时代发生多大变化，不论生活格局发生多大变化，我们都要重视家庭建设”[9]，明确了国家发展与家庭建设的辩证关系，将家庭建设提升到一个新的高度；2018 年，习近平总书记又在全国教育大会上指出，“家庭是人生的第一所学校，家长是孩子的第一任老师”[10]，强调了家庭和家庭教育的重要机能和独特价值。

在这样的背景下，家庭教育作为家庭的固有功能和教育的自然起点，不能将其简单视为学校教育的“延伸”或“附属”，也不应仅仅聚焦于儿童青少年的健康成长和全面发展，而要以“国家发展、民族进步、社会和谐”的视角重新审视新时代的中国家庭和家庭教育发展。尤其随着新时代治理格局日益强调家庭的前途命运同国家和民族的前途命运紧密相连，家庭教育政策与其他国家战略的对接或衔接要求正在不断提升，家庭教育政策亟须扩容增能。家庭教育是国民教育版图中的要件，然而家庭教育乃至国民教育的政策体系并不是孤立的策略或项目的集合，而是中国整体发展战略中的有机组成部分，它本身就是“科教兴国”“人才强国”以及“乡村振兴”“创新驱动发展”等国家战略的有机组成，也不外在于“健康中国 2030”“中国制造 2025”乃至“新型城镇化”“人类命运共同体”等重大战略议题。特别在新时代背景下，更要将家庭教育政策置入国家发展框架和家庭建设格局中加以思考和布局。以“实施积极应对人口老龄化国家战略”为例，该国家战略于党的十九届五中全会提出，并已在相关规划和文件中反复强调家庭在老龄社会中的独特作用和重要价值。家庭养老本就是养老体系的重要支柱，而为了中和人口老龄化的长期不可逆性，提高劳动生产率更成为最重要的政策安排之一，劳动力素质提高和人力资本积累增长成为其关键，即“以质量换数量”战略。这无疑涉及教育、卫生以及就业等多元政策，而良好的家庭功能却是形成和发展优质人力资本的首要环境。尤其人力资本在新形势下的新内涵，如人的社会能力、精神品质、心理弹性等因素，又都与家庭功能（尤其是家庭教育）有着千丝万缕的关联。[11] 不仅如此，老年人的健康和医疗保健支出问题往往可以通过对年轻人的健康教育和社会投资来改善，“贵生贱死”等文化传统所导致的老龄议题公众参与度低、政策设计趋保守等现象亦需要通过强化生命和死亡教育来缓解，这不仅对老龄社会的家庭教育提出了新诉求，也将家庭教育的实践范畴扩展至个体和家庭的整个生命周期，涉及个体从“小”到“老”的全过程和家庭从“幼”到“长”的不同代际。

事实上，家庭作为一个整体，其具体功能之间并非界限分明，家庭教育也不外如是。一般意义上的家庭教育是指家中长辈（主要是父母）通过言传身教和生活实践对后代施加影响的社会活动，这本就意味着家庭教育的日常教育和终身教育属性，父母不仅是“孩子的第一任老师”，也是为子女教育而“终生耕耘的园丁”。[12] 尽管家庭教育政策日益重视家长作用，但在当代人口和家庭的变迁过程中，家庭结构和代际模式的变化已重构了家长群体。在少子化和老龄化加剧的压力下，当代父母群体面临抚幼和养老之间的博弈。同时，由于工作生活的现实压力，祖父母（或外祖父母）参与隔代养育教育的比例居高不下，西部地区几千万的留守少年儿童所面临的问题更为严峻。仅以上海为例，FYRST（复旦大学长三角地区社会变迁跟踪调查）2016 年度资料显示，逾 85% 的已婚上海“80 后”家庭为“双职工家庭”，高达 91.48% 的已育上海“80 后”家庭需要（外）祖父母帮忙照看孩子，其中 65.77% 的（外）祖父母几乎每天都会参与照看孙子女。[13] 随着生育政策的进一步宽松化，这一现象将很难在短期内扭转。在这样的背景下，家庭教育已不只涉及父母或家长的终身学习和言传身教，更成为不同代际的家庭成员协同参与的长期活动。

此外，伦理道德和价值观念教育在新时代家庭教育体系中的地位将更趋核心，这需要不同代际家庭成员的协同配合，更需要贯穿个体一生的成长发展。中国传承数千年的文化伦理和家庭主义是中华文明延续的重要基础，但在新的时代背景下必须去芜存菁、与时俱进。例如，孝道是中国家庭伦理的文化基石之一，但“二十四孝”所提倡的部分行为显然不能也不适为今天的年轻一代所接受，我们需要新的家庭文化来规范我们的长幼秩序和家庭关系，并付诸实践。不仅如此，性别观、婚育观、生死观等观念教育都需要系统而有效地纳入家庭教育，并在代际互动与家庭实践中扎根和发芽。每代人的生存理念和中华民族的文明传承都应在新的家庭伦理中得以体现，并在新的家庭教育中得以实践，面向家庭全生命周期的新时代家庭教育政策无疑应成为构建中国核心价值体系的要件之一。

三、完善新时代家庭教育政策应关注的几个落脚点

当代中国的家庭教育政策仍在不断更新和调节之中，尤其在贯彻落实、内容安排、法治化进程等方面已涌现大量研究与实践。这些问题都很重要，囿于篇幅，本文无意于狗尾续貂，也难以面面俱到，仅在新时代家庭建设的框架下结合中国的现实情境，针对构建面向家庭全生命周期的新时代家庭教育政策，尝试提出几个可能的落脚点。

1. 推动家庭教育共同体建设，完善多层次的家庭教育指导服务体系，形成家庭教育的全生命周期支持网络。随着国家治理能力现代化进程的不断深化，党的十九大报告明确提出“加强和创新社会治理”以打造“共建共治共享”治理格局的要求，党的十九届四中全会还在其基础上强调“建设社会治理共同体”，家庭教育政策无疑应积极回应这一国家战略诉求。全球化、城镇化、现代化正在影响中国社会形态和家庭样态，现代科学技术的发展和生活方式的改变也在重塑中国家庭内外的交往方式和功能实现。在家庭外部，家庭教育政策应凝聚并推动不同社会系统形成合力，优化家庭教育环境和充实其资源；在家庭内部，也应酝酿设计服务项目或支助措施以鼓励和支持不同代际家庭成员的协同配合，通过言传身教和现实案例将家庭代际和谐的种子植入下一代的心中。事实上，人生的不同年龄阶段是一个相互关联、彼此重叠的过程，家庭的不同代际层次也构成一个相互照拂、彼此影响的体系，只有将个体发展的各个阶段和家庭结构的各个层次联系起来考虑，才能够将家庭教育与家庭建设乃至国家发展、社会进步有机联动起来。

2. 加快家庭教育的法治化和专业化进程，规范家长的家庭教育责任。家庭教育的主体责任人是家长（主要是父母）。然而，假如把父母或家长视为一种职业的话，这却是一种几乎不太需要资质认定和评估的职业，而且缺乏有效退出机制，给家庭教育带来了若干不稳定性。中国目前的数千万留守儿童、一千多万残疾儿童、一千多万贫困儿童等的教育状况乃至生存状况仍不容乐观，如果不能尽快改变这一状况，将直接影响我国社会主义现代化强国目标的实现。对于流动儿童，目前新生代农民工家庭出于对生活质量和下一代教育资源的考量而采取的“离城不回乡”或“回流不返乡”策略亦亟须关注，应给予有学龄子女的父母必要的政策制约与福利安排以减少留守儿童现象。这一方面需要我们将家庭做整体性考量，投入更多的资源并引入新型技术支持其家庭教育发展，尤其为承担育儿责任的低收入家庭提供直接援助；另一方面也要对父母或家长的家庭教育责任进行规范，并通过有效的监督和多元化的服务推动家长和孩子共同发展。

3. 将家庭教育政策与生育政策调整、托育服务强化有效衔接，推动“婚姻—生育—养育—教育”友好型社会建设。党的十九届五中全会建议提出“提高优生优育服务水平，发展普惠托育服务体系，降低生育、养育、教育成本”。2021 年 5 月 31 日，中共中央政治局召开会议，提出实施“三孩”生育政策及配套支持措施，并指出“要将婚嫁、生育、养育、教育一体考虑，加强适婚青年婚恋观、家庭观教育引导，对婚嫁陋习、天价彩礼等不良社会风气进行治理，提高优生优育服务水平，发展普惠托育服务体系，推进教育公平与优质教育资源供给，降低家庭教育开支”。2021 年 6 月，中共中央、国务院在《关于优化生育政策促进人口长期均衡发展的决定》中更进一步明确提出“将婚嫁、生育、养育、教育一体考虑，切实解决群众后顾之忧，释放生育潜能，促进家庭和谐幸福”。家庭价值观的崩塌是形成低生育的根本原因，中国社会竞争的加剧和养育子女成本的高涨更导致大量育龄夫妇生育意愿低迷。而随着年轻一代价值观念和生活方式的进一步改变，这一格局将越来越不可逆。从北欧等国家生育率回升的情况来看，以家庭为单位推行公共服务以减轻家庭生育、养育、教育负担是最有效的路径之一，也是北欧国家性别平等的重要制度环境。在中国，应当通过构建更广义和更全面的家庭教育政策，在重建家庭伦理、促进男女平等、提倡新婚育观念的基础上，以强化家庭政策来增强家庭能力，有效减轻人们的“婚姻—生育—养育—教育”压力，才能相对长效地挖掘生育潜力和充实教育资源。对于部分农村地区，还亟须加强“移风易俗”（如破除“彩礼文化”）教育。这直接涉及了家庭教育内容的延展，意味着不仅要在家庭教育中进一步充实家庭观、性别观、生死观、婚恋观以及生育观的教育，而且要将孩子教育与家长教育并重，将家庭教育的焦点目标区间从孩子的青少年时期和成人的育儿期扩展到人的整个生命周期，以人的全面发展和家庭的代际和谐回应新时代国家战略需求和文化传承诉求。

总而言之，在重视民生建设和强调高质量发展的新时代治理格局下，千千万万个家庭已经成为国家发展、民族进步、社会和谐的重要基点。我们亟须以国家战略的视角重新审视中国家庭和家庭教育发展，推动新时代家庭教育面向家庭全生命周期，贯穿个体的一生成长发展，并鼓励和支持不同代际的家庭成员协同参与，从而使新时代家庭教育政策进一步升位赋能，不仅为处于不同生命周期阶段的家庭成员协同参与家庭教育提供平台和环境，而且为家庭中每一个个体的一生发展和终身学习提供支持和帮助，进而在与其他国家战略互嵌互构的基础上发展成为构建中国核心价值体系的新动能乃至新引擎，并在进一步完善新时代家庭教育“中国方案”的基础上力争向世界传播家庭教育的“中国智慧”。

【参考文献】

[1] 孙向晨 . 论家：个体与亲亲［M］. 上海：华东师范大学出版社 ,2019:1.

[2] 胡湛 , 彭希哲 . 家庭变迁背景下的中国家庭政策［J］. 人口研究 ,2012(2):3-10.

[3] 徐勇 . 中国家户制传统与农村发展道路——以俄国、印度的村社传统为参照［J］. 中国社会科学 ,2013(8):102-123.

[4] 孙艺格 , 曲建武 . 我国家庭教育政策的演变、特征及展望［J］. 教育科

学 ,2020(3):91-96.

[5] 薛二勇 , 周秀平 , 李健 . 家庭教育立法：回溯与前瞻［J］. 北京师范大学学报（社会科学版）,2019(6).

[6] KAMERMAN S & KAHN A.Family Policies:Government and Families in 14 Countries［M］.New York:Columbia University Press,1978，pp.1-47.

[7] 福柯 . 安全、领土与人口［M］. 钱翰 , 陈晓径 , 译 . 上海：上海人民出版社 ,2010:3-9.

[8] 胡湛 , 彭希哲 , 王雪辉 . 当前我国家庭变迁与家庭政策领域的认知误区［J］. 学习与实践 ,2018(11):101-108.

[9] 习近平 . 不论时代发生多大变化都要重视家庭建设［EB/OL］.(2015-02-17).http://politics.people.com.cn/n/2015/0217/c70731-26580958.html.

[10] 习近平在全国教育大会上强调 坚持中国特色社会主义教育发展道路 培养德智体美劳全面发展的社会主义建设者和接班人［EB/OL］.(2018-09-10).http://www.moe.gov.cn/jyb_xwfb/s6052/moe_838/201809/t20180910_348145.html.

[11] 胡湛 , 彭希哲 . 应对中国人口老龄化的治理选择［J］. 中国社会科学 ,2018(12):134-155.

[12] 岳庆平 . 传统家庭伦理与家庭教育［J］. 社会学研究 ,1994(1):107-117.

[13] 复旦大学社会科学数据研究中心 . 复旦大学长三角地区社会变迁调查 2016 年跟踪调查数据［R/OL］.http://fisr.fudan.edu.cn.

后喻文化时代的家庭传播：新技术下的代际沟通与媒介素养①

杨　雅　苏　芳*

摘　要：媒介为我们认知外部世界的图景搭建了桥梁，而技术赋权也使得家庭媒介使用呈现出不同于以往社会的面貌。家庭是贯穿我们生活的重要空间和重要传播场域，是代际沟通的关键场景，也是媒介技术驯化的重要情境。在后喻文化时代，子代开始向亲代进行数字反哺，共同增强家庭传播中的代际沟通效果。这不仅成为家庭传播中的新现象，也给代际沟通带来新的挑战。因此，我们要树立良好的“家庭—技术”生态观。一方面，需鼓励青少年进行线上线下实践的互补，通过网络探索虚拟世界的边界，通过实践了解现实社会的温度，提升媒介接触与使用的自主效能，培养正确的网感和价值观；另一方面，需督促家长角色发挥榜样力量，克服媒介焦虑恐慌，认识技术的可供性，合理面对数字化生存的机遇和挑战。

关键词：家庭传播；媒介素养；后喻文化；数字化生存；家庭教育

媒介为我们认知外部世界的图景搭建了桥梁，而技术赋权也使得家庭媒介使用呈现出不同于以往社会的面貌。从信息传播和文化传递的视角来看，米德在《文化与承诺》中提出的“后喻文

---

① 本文系全国教育科学“十四五”规划 2021 年度教育部青年课题“青少年数字公民素养的多主体共育模式研究”（课题批准号：EEA210414）的阶段性研究成果。

* 杨雅，北京师范大学新闻传播学院副教授。
苏芳，北京师范大学新闻传播学院博士研究生。

化”，也就是前象征文化（prefigurative culture），非常贴近当下我们所生活的时代特征。[1] 在时空压缩的信息社会，技术飞速发展，青年一代是数字“原住民”，而年长一代反而成了数字“移民”。在前喻文化时代，长辈向晚辈传授知识、展现权威；而在后喻文化时代，由于信息的海量传输和共享，知识壁垒逐渐消解，技术门槛逐渐升高，子代甚至需要向亲代进行数字反哺。这不仅成为家庭传播中的新现象，也给代际沟通带来新的挑战。

因此，在后喻文化时代，如何构建健康、良好的家庭传播模式，同步提升家长与儿童的媒介素养，让子代与亲代在家庭中确立合适的位置，创造对话交流的空间，建立新的家庭传播秩序，实现传播过程中信息共享、情感共鸣、关系共建、仪式传递的目标，避免交流的无奈，共同面对未来，这些都是我们需要探讨的问题。

一、家庭传播：空间与关系意义上的延伸

家庭是社会最基本的组成单位。家庭的结构与凝聚力不仅影响着个人的幸福、家庭的和谐，也影响着社会的稳定发展。布迪厄的场域理论认为，场域是一个在各种位置之间存在的客观关系的网络。[2] 同样地，家庭也是贯穿我们生活的重要空间和重要的传播场域，是媒介技术驯化或者说是“家居化”（domestication）的重要情境。“家庭给媒介技术增加了更多私人化的意义和重要性”，人们可以根据自己的需求来调整技术，将设备放在哪里、如何使用、谁来使用，都是一种驯化；[3] 媒介也带来家庭结构和沟通方式的改变，但在不断驯化的过程中，我们可以做到将技术作为家庭传播日常活动的一部分，“亲密而习惯，联结又拒绝”[4]，在不断中介化的传播形式中找寻更加适合的家庭传播方式和路径。

家庭传播也是媒介使用的一个重要途径，在儿童的身份认同感、媒介消费社会化、媒介价值观形成等多方面影响深远。以往研究表明，家庭传播越重视开放性和沟通性，家庭成员与个体所感受到的身份差异越低，其越能关注自身的主体性，做“真正的自己”；反之，越强调规则与服从，家庭成员所感受到的身份差异越高，其往往倾向于修饰甚至无视个体自身的想法。[5] 而在消费社会化过程中，亲代与子代之间的沟通风格，往往会显著影响青少年在购买耐用品和非耐用品时的决策风格。一种是经济型，即谨慎和深思熟虑的决策；一种则是社交型，即娱乐和享乐主义的决策。[6] 同样地，在媒介使用过程中，人们往往倾向于将不同的价值观与不同类型的媒体联系在一起 [7]，而在青少年成长早期的家庭传播模式、媒介接触与使用方式等，也会潜移默化地影响其媒介价值观的形成。

在传播学中，家庭传播作为一个专门的研究对象 [8]，包括家庭的传播机制对于家庭的凝聚力建构，以及个体的社会化这两个维度。家庭是一个“社会论坛”，具有沟通导向和从众导向的功能，能够通过“日常照料、经济支持、情感慰藉”等方式 [9]，增强互动的亲密感，凝聚家庭成员的意志，提高他们的行动力；这种传统意义上的代与代之间的凝聚力，也可能会在现代化的进程中提高孩子在面临困难和问题时的抗逆力，而这种凝聚力也会因受到外部环境的冲击而消解。家长的隐性或者显性的知识和技能可以随着时间推移传递给下一代，因而家庭传播的空间中往往存在一个差序格局，父母是传播者，子女是知识、信息和技能的接受者。例如，父母教给孩子待人接物的基本规则，为孩子的社会化做准备；家庭沟通模式的创设会影响孩子未来的网络空间行为与虚拟关系构建。不过，在席卷而来的信息社会浪潮中，子代在某些场景下也会反过来承担传播者的角色，对于亲代进行技术反哺，弥合数字鸿沟。

家庭传播既是一种空间意义上的传播活动，也是一种关系意义上的传播活动。[10] 从空间意义上来看，家庭传播发生在家庭内部，是家庭成员之间的语言和非语言符号的传播，往往蕴含着家庭内部的价值理念，潜移默化地塑造着个体的特质，家庭的传播模式也会影响个体的信息处理方式、互动行为等，家庭传播的核心就在于这种“日常家庭实践的对话”；[11] 从关系意义上看，亲代与子代的关系，如相互尊重、情绪表露、情感支持、隐私管理等，家庭中的劝服传播、情绪传播、仪式传播、特定类型信息如健康传播等，都是家庭传播关注的重点。因此，当下高度发展的媒介技术，就在空间意义和关系意义这两个维度上介入并不断延伸着家庭传播的内核。

二、飞驰的媒介：新技术对于家庭传播的影响

媒介是信息传播的载体，在家庭教育中，媒介素养的教育也是重要的一环。媒介素养是指“对各种媒介信息的解读和批判能力，以及使用媒介信息为个人生活、社会发展所用的能力”。[12] 当前，媒介技术迅猛发展，成为我们社会发展的底层逻辑。这使人们获取信息越来越便利的同时，也带来一系列问题。比如，信息过载带来的个体焦虑、社交倦怠，社交媒体的算法所带来的过滤气泡效应、信息茧房，等等。在家庭传播中，社交媒体及其他技术资源带来家庭传播方式的变革，也给媒介素养教育带来了很多挑战。

（一）技术重塑时空：“云陪伴”与代际数字鸿沟并存

一方面，科技融入日常生活和家庭系统之中。新技术对于场

景的构建，打破了传统的面对面、书信传递作为传播手段的交往情境，重组了原有场景中的秩序规范，家庭代际传播的时空也因此被重塑。技术所塑造的虚拟“宇宙”，某种程度上是相对于现实生活中代际关系的一个平行空间。吉登斯认为，在虚拟空间中，传统意义上线性的具体时间被重叠、分割和重组，人与人之间的物质连接和情感连接更加碎片化、媒介化[13]，产生以媒介为中介的传播关系。技术对于远程维护家庭关系也具有重要意义，跨越了空间的阻隔，创造一种无限在场的虚拟空间的家庭连接。有学者提出“远程照料”（remote mothering）这一概念[14]，也就是说，父母即使不在场，也能够实现照料身份在虚拟空间的平行转换，通过新技术重新嵌入到孩子的生活、学习场景之中，进行“云陪伴”和“云管理”。智能技术的发展将会在家庭场景中塑造出虚拟在场的教育与陪伴，如在教育方面，“智能故事机”实现了父母对孩子的远程教育，父母可以远程为孩子选择读本，为孩子推送学习信息。VR（虚拟现实）、AR（增强现实）等技术的发展，在家庭方面也能够帮助老年人缓解情感孤独，实现在场感的亲密沟通；同时，在老年人的健康方面，“云医疗”也使得在线问诊成为可能。

另一方面，新技术会造成代与代之间的“数字鸿沟”。数字“原住民”和数字“移民”之间，在技术使用和媒介素养方面拉开了距离。在这种情况下，亲代反而变成了智能传播环境下的弱势群体，被学者称为家庭内部“静悄悄的革命”。[15] 首先，在媒介技术的接触和使用方面，技术本身使用的复杂性，以及趣缘形成的圈层成为无形的壁垒，高科技智能产品、小众的社群或论坛、粉丝圈层的互动行为、沉浸式的游戏体验甚至“元宇宙”更获得年轻人的青睐。其次，在技术的使用素养上，年轻一代普遍更加适应层出不穷的新技术，以及“永远在线”的数字化生存方式；在网络用语的使用方面，产生了缩写词、替代词等独属于新媒介一代的语言“密码”。此外，在媒介形态选择上，数字“原住民”在社交方面多是通过使用各种平台软件进行交流，信息获取方面更倾向于视觉文化和快节奏的短视频直播传播形式，呈现出与上一代不同的媒介接触和使用方式。

（二）技术使用差异：媒介技术使用偏好与网络用语形成圈层壁垒

加拿大学者麦克卢汉指出，从媒介技术使用上来看，媒介器具本身即一种信息。[16] 现代媒介技术的发展日新月异，新媒介的使用是对于现有家庭传播实践的一种再现和加强（reproduction）。以手机为例，早期学者研究发现，家长更喜欢使用手机的通话功能，因为这可以让他们直接听到孩子的声音，获得亲密感的安慰；而孩子更喜欢发信息，用文字的形式沟通联系。以往的研究表明，很多家长会把手机当作风险的来源，大部分家长担心孩子会通过手机接收到不良信息的诱惑，遭遇网络欺凌，从而影响身心健康，或者过于依赖网络交流而无法培养现实社会中的社交沟通能力；也有家长认为手机是孩子的“私人日记”，对其隐私也要给予保护；[17] 有些家长也认为，如果孩子只与同龄人一起使用社交媒体交流，他们会遗憾自己错失了孩子某一方面或某一阶段的成长过程；[18] 与此同时，青少年会把手机当作同龄人社交的一种方式，用于获取信息或者维持友谊，亚文化中的一些特殊用语，也形成了圈层传播的壁垒。由于一些网络事件、小众游戏、偶像粉丝的原因所产生的流行语、缩写词、替代词，往往也会让家长感到不解和困惑，家庭客厅文化变成了“卧室文化”。我们需要认识到，网络空间中青少年的准社会交往活动，也是其自主性社会化的一种重要方式，无论是对于明星偶像的推崇，还是小众网络工具的使用，都可以被看作青少年社会化中的一种“过渡客体”。家长可以获得孩子的信任，受邀进入圈层之中，真正了解孩子的世界，比传统的围堵更为重要。这既需要子代对于亲代的文化反哺、技术反哺，也需要亲代摒弃自上而下的说教，以平等对话沟通的方式，对于子代的媒介行为进行正向引导。比如，网络上非理性的行为如过度打赏、沉迷游戏，虚假信息的识别和网络犯罪的防范等，这是当前亲代和子代亟待解决的问题。

三、后喻文化：媒介技术发展下的家庭传播的反向社会化

新技术的使用助益家庭传播关系，对于家庭凝聚、个体社会化、媒介价值观都产生了积极影响，但也不可避免地带来数字鸿沟。在后喻文化时代，如何促进代与代之间的传播沟通，建立良好的家庭关系，也是研究者需要思考的问题。在本土语境下，年轻代际在特定的场景中会对年长代际自然地进行文化反哺，并且这种反哺在当今媒介技术的发展下形成新型的“数字反哺”。[19]有学者从数字鸿沟的三个维度分析了数字反哺的三大维度，即数字接入反哺、数字技能反哺和数字素养反哺，发现代与代之间的确存在知识的迁移，家庭当中的年轻人在帮助老年群体克服障碍、促进新技术的使用中，扮演着积极的角色。这种知识的学习，能够帮助家庭中的年长群体采纳信息技术、克服数字鸿沟、提升媒介素养，而且为老年群体的整体健康生活带来潜在裨益，如在娱乐学习、兴趣爱好、沟通交流日常活动等领域。[20]

（一）技术形成权力再分配：家庭传播的“反向社会化”

在家庭这个关系场域内，存在着网状的信息传播、多重的资源分配与多层的权力关系。技术赋权形成了权力的再分配和反向

社会化（reverse socialization）的过程。“反向社会化”指的是在与消费相关的知识、技能和态度方面，孩子可能影响他们父母的过程。[21] 反向社会化过程的影响因素，可以从宏观和微观两个方面来分析。宏观因素包括结构性变量，如年轻代际的年龄、性别，家庭的社会经济地位以及家庭文化，如父母权威和父母与孩子的互动等；[22] 而微观因素则包括父母一代的主观感知、个人期望，以及家庭中传播互动程度和关系亲密程度等。

一方面，从宏观因素来看，由于宏观因素涉及性别和家庭社会经济地位，因此宏观因素在家庭传播的反向社会化中成为不可忽视的首要变量。除年龄、性别这些基本影响因素外，一个有趣的现象是家庭中权威主义与技术信息的传递呈负相关，比如，家庭中威权型的父亲似乎很难承认并重视孩子的帮助。[23] 这启发我们在数字反哺的过程中也需要考虑家庭本身的权力结构。也就是说，由传播技术所带来的权力倒置未必会促进反向社会化。因此，在数字反哺和代际沟通过程中，构建平等和谐的家庭关系十分重要。

另一方面，从微观因素来看，个体的认知态度对于数字反哺的效果产生了重要影响。对亲代来说，对于技术的主观感知需求会促进他们接受新技术和新信息，因此在数字反哺的过程中也应针对主体的认知态度采用不同的说服技巧，促进其对于技术的接受，提升其媒介素养；另外，增加家庭互动程度和家庭亲密程度，减少亲代接受新技术的心理障碍也十分重要。

（二）“反向社会化”的心理：数字反哺外的技术回避

此外，在数字反哺的过程中也要警惕反哺回避的问题。尽管数字反哺可以简化为一种新技术的接受与使用，但是将其置于整个社会文化背景中，则可能会面临多重复杂因素。就数字反哺的传受双方而言，二者虽然面临数字鸿沟和权力差异，却依然在传统“家文化”的纽带下紧密联结。一方面，年轻一代运用符号制造“品位区隔”[24]，这种区隔体现出二者在文化和观念方面的差异，如具有时代特色的网络流行语言，社交软件上流行的“老年人表情包”，以及网络上对老年人媒介使用所产生的刻板印象，等等。这种文化区隔与刻板印象可能并不会缩小数字鸿沟，反而带来新的阻碍。另一方面，年长一代在面对“反向社会化”的时候可能会产生回避的心理，即对信息和技能产生抵触。因此，在积极地思考数字反哺的可能性与可为性的同时，也需要警惕数字反哺背后的“反哺回避”现象。

四、家庭传播的机制：沟通模式革新与家庭关系重塑

综上，建立一个健康的家庭传播模式尤为重要。家庭传播模式是指家庭成员之间交流的频率、类型和质量，家庭传播的模式和标准影响着家庭功能和家庭中各代际成员的幸福感。一般来说，家庭传播可以分为观念导向和社交导向两类。[25] 观念导向的家庭传播，是指在亲子关系中开放地交流思想和感情，这种家庭传播模式会促进儿童对父母的尊重，以及家长对儿童社会化学习的参与，鼓励儿童自主性地发展自己的媒介价值观和增强沟通表达能力；而社交导向的家庭传播则强调儿童对于父母权威的服从，父母监督甚至控制孩子的媒介活动，虽然同样可以构建和谐的亲子关系，但有可能抑制孩子自我概念和价值观的表达。

（一）家庭内双向互动：多元型和协商型沟通模式值得提倡

家庭传播的两种导向维度及其程度的高低，产生了 4 种类型

的家庭沟通模式，即自由放任型、保护型、多元型和协商型。自由放任型模式，父母与子女基本很少沟通；保护型模式，社交导向高而观念导向低，强调服从和沟通和谐，限制孩子接触媒介和相关信息；多元型模式，社交导向低而观念导向高，强调以问题为导向的沟通，鼓励孩子接触技术，发展自身能力，培育媒介素养和价值观；协商型模式的家庭传播，即社交导向和观念导向都很高，在沟通中促进自主观点的培养，但同时期望保持父母的控制。[26] 需要补充的是，家庭传播的导向和模式也会影响青少年未来的性别化和决策风格。一般来说，观念导向型沟通成长的儿童更倾向于保守型的决策，而社交导向型沟通成长的儿童则更倾向于享乐型的决策[27]，这对于未来虚拟空间的购物、打赏等消费行为都会产生影响；同时，社交导向型沟通成长的孩子更倾向于“以人为本”，以性别适宜的概念悦纳自我和他人的性别化（genderizing）过程[28]，有助于正确培养青少年社会化沟通的角色意识。

因此，相较来看，多元型和协商型的家庭传播模式更值得提倡。一方面，需要建立一种以媒介技术为中介的“反馈循环”的和谐家庭传播模式，这更有利于我们在社交媒体时代以家庭为单位适应和拥抱新媒介技术。另一方面，普遍认为在传统家庭模式下建立亲子之间的互动模式时，由于虚拟空间和线上互动往往模糊了学习、游戏、工作等行为之间的界限，以家长角色为引领者重新规范这些行为的界限就显得十分重要。同样地，在后喻文化时代，亲代与子代在家庭结构中的角色和权力模式发生了更迭，在新媒体环境下，我们更需要进行家庭传播新模式的变革，在家庭中逐步确立类似的适应新技术环境的规则制度，探索新技术引入家庭传播的原则和边界。

（二）技术反向驯化：智能媒介带来的道德和情感困境

智能媒介技术在家庭传播中的引入，带来了家庭关系、家庭权力结构与家庭生态的变化，家庭在使用技术和智能设备的同时，也产生了驯化与反向驯化。[29] 因此，在考量技术维护家庭关系的同时也需要警惕技术使用背后的迷思，即需要思考技术如何走进家庭，智能媒介设备所想象并构建的“平台家庭”（platform families）对于其原有家庭结构的重塑扮演着何种角色，并且对于家庭存在何种意义。有研究表明，家庭成员对智能媒介设备的态度和行为意图受到信任、意识、享受度、感知有用性和感知易用性的影响[30]，人们对于智能音箱具有“功能满足”和“情感交互”的双重期待。[31] 因此，智能媒介技术和设备在家庭传播中承担着工具性和情感性的双重角色。一方面，对于家庭关系和谐、家庭教育、家庭健康和媒介素养的提升发挥着功能性角色；另一方面，对于家庭中特别需要关照的群体如老人与儿童也提供了情感陪伴的作用。

此外，媒介技术的广泛介入和智能设备使用的便利性，也为家庭传播带来了道德和情感上的困境，如智能家居和物联网技术带来的隐私悖论。某种程度上，技术的便利意味着对家庭“私域”的入侵。家庭是一个非制度性而长期存在的单位，智能家居本质作为一种陪伴性和中介性的因素，在走进家庭后需要对其进行法律和伦理上的规约，如对智能技术所收集的人们日常行为数据进行隐私保护管理。在家庭传播方面，亲代和子代之间的维护从面对面交流变成经由媒介技术的中介化交流，家长渴望与孩子更好地交流而去学习使用各种社交平台，但是孩子可能出于隐私保护或其他动机拒绝交流。因而，我们需要警惕在智能家居等技术引入家庭后，媒介技术本身反而被过度赋予意义，使得亲密关系陪伴沦为智能设备的陪伴。鲍曼认为，由于消费主义的存在，亲密的社会互动可能被消费的信号所取代[32]，技术以及技术背后的商业平台有可能在潜移默化中重塑家庭传播的结构。

因此，对于新技术、新媒介的态度，即树立良好的“家庭—技术”生态观，在家庭传播的维系中也至关重要。海德格尔认为，“技术是我们这个时代的命运”“现代技术的本质居于集置（gestell）之中，集置归属于解蔽之命运”，适应技术的二重性，努力启动“非技术性要素”[33]，实现人与技术的互补、协同与共生，是新媒体时代的发展图景。因此，媒介的赋权、连接与共情，成为家庭传播中媒介素养的核心功能。一方面，需鼓励青少年进行线上线下实践的互补，通过网络探索虚拟世界的边界，通过实践了解现实社会的温度，提升自我的自主效能，培养正确的网感和价值观；另一方面，家长角色要发挥榜样力量，克服媒介焦虑恐慌，认识媒介技术的可供性（affordance），即人与技术乃至环境的相互适应和协调，正确面对数字化生存的机遇和挑战。

【参考文献】

[1] 玛格丽特 · 米德 . 文化与承诺：一项有关代沟问题的研究 [M] . 周晓虹，周怡，译 . 石家庄：河北人民出版社，1987：27.

[2] 皮埃尔 · 布迪厄，华康德 . 实践与反思：反思社会学导引 [M] . 李猛，李康，译 . 北京：中央编译出版社，1998：131.

[3] 南希 · K. 拜厄姆 . 交往在云端 : 数字时代的人际关系 : 第二版 [M] . 北京：中国人民大学出版社，2020：36.

[4] 廖凯弘，彭立沛 . 科技眷养历程的重构与再现 [J] . 教育传播与科技研究，2014（107）：29-44.

[5] 游雨茜 . 数字时代家庭传播模式对家庭凝聚力的影响 [J] . 媒体融合新观察，2020（6）：21-32.

[6] KIM C,LEE H,TOMIUK M A.Adolescents' perceptions of family communication patterns and some aspects of their consumer socialization [J] .Psychology and marketing,2009,26(10):888-907.

[7] DENNIS W,JEFFER S.Discovering media-value associations [J] .Public relations review,1983,(9):37-44.

[8] BAXTER L A.Theorizing the conmiunicative construction of "family": the three R's [A] .In L.Baxter(Ed.).Remarking "family" communicatively [C] .NewYork，NY:Peter Lang,2014,pp.33-50.

[9] 杨菊华，李路路 . 代际互动与家庭凝聚力——东亚国家和地区比较研究 [J] . 社会学研究，2009（3）：26-53.

[10] 杨席珍 . 家庭传播刍议 [J] . 新闻传播，2015（12）：16-18.

[11] 朱秀凌 . 家庭传播研究的逻辑起点、历史演进和发展路径 [J] . 国际新闻界，2018，40（9）：29-46.

[12] 张志安，沈国麟 . 媒介素养：一个亟待重视的全民教育课题——对中国大陆媒介素养研究的回顾和简评 [J] . 新闻记者 ,2004(5):11-13.

[13] 安东尼 · 吉登斯 . 现代性与自我认同 : 现代晚期的自我与社会 [M] . 赵旭东，方文，译 . 北京：生活 · 读书 · 新知三联书店，1998：18-22.

[14] RAKOW L F，NAVARRO V.Remote mothering and the parallel shift:women meet the cellular telephone [J] .Critical studies in media communication，1993,10(2):144-157.

[15] 周裕琼 . 数字代沟与文化反哺：对家庭内"静悄悄的革命"的量化考察 [J] . 现代传播，2014(2):117-123.

[16] 马歇尔 · 麦克卢汉 . 理解媒介：论人的延伸：55 周年增订本 [M] . 何道宽，译 . 南京：译林出版社，2019：33-50.

[17] DEVTTT K，ROKER D.The role of mobile phones in family communication [J] .Children and society,2009,23(3):189-202.

[18] PHILIPSON I.The reproduction of mothering：A love story [J] .Nancy Chodorow and The Reproduction of Mothering: Forty Years On. 2020:149-157.

[19] 周裕琼，丁海琼 . 中国家庭三代数字反哺现状及影响因素研究 [J] . 国际新闻界，2020，42（3）：6-31.

[20] BARRANTES R，COZZUBO A.Age for learning,age for teaching:the role of intergenerational，intra-household learning in Internet use by older adults in Latin America [J] .Information,communication &

society,2019,22(2):250-266.

[21] SCOTT W.Consumer socialization ［J］.Journal of consumer research,1974(2):1-14.

[22] [23] CORREA T.Bottom-up technology transmission within families:exploring how youths influence their parents' digital media use with dyadic data ［J］.Journal of communication,2014,64(1):103-124.

[24] 布尔迪厄 . 区分：判断力的社会批判［M］. 刘晖，译 . 北京：商务印书馆，2015：59.

[25] RITCHIE D.Family communication patterns:an epistemic analysis and conceptual reinterpretation ［J］.Communication research,1991,18(4):548-565.

[26] KOERNER A F,FITZPATRICK M A.Toward a theory of family communication ［J］.Communication theory,2002,12(1):70-91.

[27] MOSCHIS G P.The role of family communication in consumer socialization of children and adolescents ［J］.Journal of consumer research,1985,(4):898-913.

[28] JOHNSON F L.Communication with children:toward a healthy construction of communicative roles ［J］.Androgyny,1978:13-16.

[29] GOULDEN M. "Delete the family" :platform families and the colonisation of the smart home ［J］.Information,communication & society,2021,24(7):903-920.

[30] SHUHAIBER A，MASHAL I.Understanding users' acceptance of smart homes ［J］.Technology in society,2019,58:101110.

[31] WU S,HE S,PENG Y,LI W,GUAN D.An empirical study on expectation of relationship between human and smart devices—With smart speaker as an example ［A］.2019 IEEE fourth international conference on data science in cyberspace(DSC)［C］，2019.

[32] 齐格蒙特 · 鲍曼 . 流动的现代性［M］. 欧阳景根，译 . 上海：上海三联书店，2002：195.

[33] 孙周兴 . 海德格尔与技术命运论［J］. 世界哲学，2020（5）：77-88，161.

家务劳动教育的智慧及实现

刘华杰 *

为了培养出下一代的高质量劳动者，家务劳动教育正受到越来越多家长的重视。然而，“重视”并不必然带来期待的教育成果。我们可以发现身边存在这样一些“超级爸爸”或“超级妈妈”：他们能够轻松地在10分钟内收拾完一片狼藉的锅碗瓢盆，在30分钟内完成一家三口的一顿美味大餐，也可以在30分钟内把全部房间的地面打扫干净、把凌乱的物品归位整齐。然而，提到让孩子做家务时，许多家长却面露难色。面对不愿配合或动作笨拙的孩子，有的家长采用简单粗暴、命令要求的方式，导致亲子关系瞬间紧张，甚至引发亲子冲突的升级；有的家长则知难而退，独自揽下全部家务，希望提高效率，并给孩子更多的学习和自由活动时间。前者属于控制型教养方式，家长把家务活动的完成当作目的，不关心家务劳动过程产生的教育影响；后者属于逃避型教养方式，家长放弃了家务劳动的教育价值，失去了在家务劳动过程中的教育机会。在上述两种不同的教养方式中，家务劳动的教育价值都被剥离了，家长错过了展示劳动智慧的教育机会，孩子也失去了学习劳动智慧的机会。我们需要让家务劳动重新回归到教育的轨道，通过劳动教育，让孩子爱上家务劳动并获得劳动智慧。

---

* 刘华杰，华南师范大学教师教育学部讲师。

一、家务劳动教育智慧的意蕴

很多家长认为教育智慧是一个要求极高的状态和境界，因而倾向于学习更有操作性、“即学即用”的具体方法、技术、策略等。然而，对于“怎么做”的偏好可能让家长忽略了对于“为什么做”以及“做什么”的关注和思考。结果是很多家长因为使用情境的问题，没有达到预期的教育效果，甚至适得其反。他们得到了方法，却没有获得智慧。

在现象教育学家马克斯·范梅南看来，“智慧的教育者形成了一种对独特性的独特关注，他们关注孩子的独特性、情境的独特性和个人生活的独特性”。[1] 因此，他特别强调：“有针对地观察、聆听具体情境中的某个具体的孩子或某群具体的孩子们，和他们进行互动，给予他或他们反馈，进而培育和保持教育的敏感性和机智。”[2] 就着眼于“儿童成长”方向以及灵活调整的教育方法而言，范梅南对于智慧的看法对家务劳动教育颇有启发。有智慧的家务劳动教育不仅要重视“怎么做”的方法和技术问题，还需要同样重视“做什么”的基本方向与目标问题，以及重视依据“为什么做”而因时、因地、因人进行调整的创新问题。具备见人所未见的未来预见能力（做什么）、为人所难为的操作执行能力（怎么做）、变人所未变的调整能力（为什么做），是对智慧教育者的基本要求。

二、家务劳动教育智慧的实现

（一）真善美方向——家务劳动教育的价值追求

“真善美”是人类至高的价值追求，也是指引家长选择恰当方法开展劳动教育的方向和最高指导原则。“真”意味着充分了解和尊重孩子现实的静态发展阶段和水平，了解和尊重孩子的动态成长变化规律，甚至是天性中的某些弱点，了解和尊重孩子特殊的沟通互动方式；“善”意味着家庭成员要有良善助人之心，给予孩子无条件和无私的爱，以智慧的方法和策略有效促进彼此的成长和幸福；“美”意味着从家庭成员整体关系和谐的角度来设计和开展家务活动，既有共同的使命和秩序，也有个性化的空间和活力，让家庭成员感受到爱、自由和平安。对于真善美之间的关系，蔡元培有个经典的比喻：“例如行路，要达一目的地是善，然夜间不能不用灯，是真；行路易疲，不能不随口唱歌，或赏玩风景，是美。”[3] 离开真，善和美缺了指引；离开善，真无法落实，也无法到达美；离开美，真和善的实现可能遭遇挫折或付出更大代价。

按照真善美的原则，家务劳动教育的终极目标并不是家务劳动本身，而是要借助家务劳动，构建一个求真、崇善、尚美的家庭团队，实现家庭成员的成长和幸福。否则，人就很容易通过取消权利、命令威胁甚至暴力等方式来达到“目的”，此时的家务劳动教育就可能异化为反教育的存在，背离劳动教育的方向。

智慧的家长需要把自己定位为优秀的教练，“你需要了解比赛，有一套策略办法，指导如何打造团队、激励和鼓励他人，以及让比赛变得有趣。你的工作还包括在激励其他人善待对方的同时教给他们技能，以及用尊重的方式引导他们”。[4] 如能以真善美作为家庭劳动教育的指导方向和原则，家长将能够因时因地、灵活地选择适合家庭和孩子的教育理念、方法和工具，也就不容易让家务劳动成为家庭冲突的导火索了。我们希望看到的场景是，亲子间互相尊重和奉献，孩子享受家庭的温馨，愿意从父母劳动教育的言传身教中获得情感和智慧的滋养。

（二）无痕化引导——家务劳动教育的实现路径

无痕化引导是一种隐性的教育方式，是真善美方向的具体实现路径。与说教等直接显性的教育方式相比，无痕化引导更强调潜移默化的无为智慧，强调站在儿童的立场，以同理之心，与孩子在知、情、意、行上同频共振，以适合儿童特点的无言之教，实现家长与孩子主体间的灵肉交流。它是基于孩子自主发现、自我反思、自觉行动意愿和能力的预设，顺势而为采用的一种具有审美价值的启发性教育方式。无痕化引导的明显特征是，孩子在感受不到家长教育意图的情境下，自然而愉悦地接受和实现了家长的引导。

在家庭生活中，家长进行家务劳动教育时，往往喜欢直言不讳地说教，过于直接和有为。家长应当充分认识到，面对凌乱的房间、杯盘狼藉的厨房，极少有人能笑逐颜开，孩子也并不是在任何时候都热爱全部类型的劳动。孩子可能今天只想扔垃圾或擦桌子，不想刷碗和扫地。或许，第二天想做的事情正是昨天讨厌的事情。家长需要顺势而为，以无痕的引导实现家庭的真善美。具体表现在：第一，行胜于言。家长要成为家务劳动的榜样。在劳动过程中自然表现出的愉悦感、熟练的劳动能力、美好的家务劳动成果，都会在无声中影响孩子对家务劳动的认识与感受。相反，如果父母经常为谁做家务而争吵推诿、斤斤计较，孩子往往也会对家务产生排斥。第二，结合兴趣。无痕化需要从孩子的内在兴趣需求入手，激发孩子的行动自觉。例如，为了让孩子尝试进行削苹果的劳动，家长可以充分考虑孩子的价值感、优越感、归属感等心理需求，以请求帮助、技术对比、示弱赞美的方式引导孩子尝试自主削苹果。当孩子开始削苹果时，家长则可以在旁边“好奇地”问他削皮的“技术”，并旁敲侧击给予指导，让孩子能够更愉快地完成削苹果的劳动。此外，如果能结合孩子感兴趣的人体、科学、技术、动植物、军事、历史等方面的知识引导孩子劳动，孩子会更愿意参与到劳动活动中来。

（三）成长型心态——家务劳动教育的创新力量

成长型心态是一种对孩子的发展变化潜能抱有积极开放预期的思维模式，是实现教育方式合理化和有效性的推动力量。美国心理学家卡罗尔·德韦克（Carol S. Dweck）通过长期对成长型思维模式的研究发现了成长型思维模式及其对人的影响：“你的基本能力是可以通过你的努力来培养的。即使人们在先天的才能和资质、兴趣或者性情方面有着各种各样的不同，每个人都可以通过努力和个人经历来改变和成长。”[5] 同因此，家长要具备成长型心态，做到适应和拥抱变化，实现教育方式创新。

家长有时候会因为孩子劳动表现不佳，轻易给孩子定性或贴标签。比如，对孩子说“你太懒了，连自己的袜子和内衣都不洗”“你对家庭一点儿责任心都没有，总是逃避家务劳动”等。如此，孩子的自我定性也会是“我是个坏孩子”“我确实不行”“我真的太懒了”等。这样的结果是，孩子的劳动潜能和创造性可能在被定性和自我定性中被扼杀，孩子的某些负面自我认知可能在一次次定性中被强化、固化，未知的未来被已知的过去控制和绑架。事实上，孩子的成长过程有确定性的一面，还有随机性和相对性的一面。孩子的认知、情感和行为选择不是固定不变的，而是可能随着环境变化，尤其是随着家长的态度和沟通方式的变化而变化的。家长不能根据以往的经验，轻易给孩子的劳动态度和表现贴标签，也不要轻易认可和强化孩子给自己贴的标签。对于家务劳动教育来说，家长的成长心态尤其体现在想方设法提高孩子在劳动过程中的价值感和成就感上。关注如何成长，而不是看重行为的结果；关注“错误是学习的好时机”，而不是追求孩子的完美表现；关注教育方式如何随情形变化进行灵活调整，而不是把别处的经验一味机械地照搬。这些都是成长心态的突出表现和要求。

三、结　语

如果我们把教育当作一种智慧，而不是某些教育方法的简单移植和套用，那么家务劳动教育智慧的习得就不是一个简单的知识学习和技能训练的过程。它必然伴随着对孩子认知情感意志的深入理解，以及对孩子潜能的信任和希望，还有对成长中的孩子的教育责任和关爱。概而言之，家务劳动教育的过程不是对以往教育行为的零敲碎打、查漏补缺，而是个人教育理念、思维方式的根本性调整，甚至是家长作为一个教育者的自我重生。唯有如此，才可能真正认识到家务劳动教育是家长示范智慧、孩子学习智慧的载体和契机。

美国儿童心理学家海姆 · G. 吉诺特曾经自我反省：“我拥有巨大的力量，既能让一个孩子痛苦，也能让他欢乐。我可以是折磨孩子的工具，也可以是激励孩子的手段。我可以羞辱他们，也能迁就他们；我可以伤害他们，也能治愈他们。在所有的情况下，都是我的回应决定了一个危机是升级恶化还是逐步化解，一个孩子是更具人性，还是泯灭人性。”[6] 这段发人深省的自我反思适用于每一位渴望智慧、渴望幸福的家长。但愿更多家长能充分享受与孩子一起劳动的时光，孩子也更愿意参与家务劳动，提升劳动的技能、智慧和品质。